节奏感
爆款短视频
制作核心技能
木白◎编著

U0246856

北京大学出版社
PEKING UNIVERSITY PRESS

内容提要

在短视频的世界里，节奏感不仅是韵律，也是灵魂，是让每一帧画面跳跃、呼吸、生动起来的魔法！节奏感赋予短视频无限动力，能引导观众的情绪，营造独特的观看体验，让每个瞬间的停留都充满期待。无论是快节奏的刺激还是慢节奏的沉思，良好的节奏感使短视频成为一种艺术，触动人心，给观众留下深刻印象。掌握打造短视频节奏感的技巧，能让您的短视频在无数内容中脱颖而出，成为爆款。

那如何打造短视频的节奏感呢？本书根据视频制作需要，共设计11章内容，详细讲解了打造脚本的节奏感、拍摄的节奏感、画面的节奏感、视频的节奏感、剪辑的节奏感、速度的节奏感、声音的节奏感、特效的节奏感、色彩的节奏感、字幕的节奏感、片头片尾的节奏感等108个技巧。从前期的脚本文案、镜头拍摄，到后期的剪辑技巧、音效字幕等，应有尽有，更有随书提供的108个教学视频和240多个素材、效果文件，助您快速打造爆款短视频。

本书结构清晰，案例丰富，适合视频拍摄和剪辑爱好者、想学习爆款短视频制作的初学者、想提升短视频制作水平的后期人员，以及各类视频自媒体和视频剪辑师阅读，还可以作为教材供高等院校编导、视频剪辑等专业的学生学习。

图书在版编目(CIP)数据

节奏感：爆款短视频制作核心技能 / 木白编著.
北京：北京大学出版社，2024. 9. -- ISBN 978-7-301
-35306-6

Ⅰ. TP317.53

中国国家版本馆CIP数据核字第2024KM9719号

书　　名　节奏感：爆款短视频制作核心技能
JIEZOUGAN：BAOKUAN DUANSHIPIN ZHIZUO HEXIN JINENG
著作责任者　木　白　编著
责 任 编 辑　刘　云　吴秀川
标 准 书 号　ISBN 978-7-301-35306-6
出 版 发 行　北京大学出版社
地　　址　北京市海淀区成府路205号　100871
网　　址　http://www.pup.cn　　新浪微博：@北京大学出版社
电 子 邮 箱　编辑部 pup7@pup.cn　总编室 zpup@pup.cn
电　　话　邮购部 010-62752015　发行部 010-62750672　编辑部 010-62570390
印 刷 者　北京宏伟双华印刷有限公司
经 销 者　新华书店
787毫米×1092毫米　16开本　12.5印张　316千字
2024年9月第1版　2024年9月第1次印刷
印　　数　1-3000册
定　　价　79.00元

前言

写作起因

由于短视频持续火热，用户对视频剪辑教学的需求一直保持旺盛。市面上大部分视频剪辑书籍很少涉及视频节奏感教学，而在短视频平台上，点赞量、播放量高的短视频，大部分都是因为有良好的节奏感，才能让观众产生共鸣。在学习短视频剪辑的过程中，掌握剪辑思维和节奏感打造的核心技巧是最重要的，而不仅仅是简单地学习剪辑步骤，针对这一需求，本书应运而生。

高点赞爆款短视频的成功不是一蹴而就的，后期需要剪辑人员精心编排，前期拍摄也不简单，节奏感的设计与制作往往会让一段普通视频的品质得到很大提升。本书从短视频制作的前期到后期，围绕视频节奏感的打造方法展开讲解，包括脚本、拍摄、构图、运镜、剪辑、速度、声音、特效、色彩、字幕和片头片尾的节奏感，读者可以通过阅读，全面地学习和掌握短视频制作技巧。

“授人以鱼不如授人以渔”，所有的教程书籍编写都是基于这个原则。读者在学习剪辑的过程中，必须先带着原理学习，再在实践中反思这些理论和技巧，做到融会贯通，而不是一知半解。本书用抖音平台的爆款典型案例来讲解节奏感思维，读者可以举一反三，快速掌握。

本书亮点

在学习节奏感视频剪辑的时候，新手往往不清楚学习顺序，也不知道如何学习；老手可能知道剪辑步骤，但是不知道剪辑原理。本书从短视频制作的前期到后期，从理论到实战，知识讲解由浅到深，带着读者循序渐进地学习。

（1）本书的第一个亮点：系统化。

为了让读者系统地掌握节奏感视频的制作技巧，本书分为拍摄篇和剪辑篇。

拍摄篇介绍脚本设计、镜头拍摄、画面构图、运镜拍摄等方法，帮助读者学会前期技巧，为学习视频剪辑做好准备。

剪辑篇介绍剪辑、速度、声音、特效、色彩、字幕、片头片尾等后期制作技巧，这些都是节奏感视频制作的必备要点。

从拍摄到剪辑，本书系统地介绍了108个技巧，读者可以学习得很全面。

（2）本书的第二个亮点：理论化。

在学习视频拍摄和剪辑的过程中，一定要知其所以然，否则就算学会了某个操作步骤，下一次遇到相似情况，还是不会使用，等于白费力气，终究是浮于表面的学习。

节奏感思维的学习少不了理论的支撑，本书每个案例中都有相应的原理和效果介绍，这样读者在下次遇到相同的情况时，可以使用相同的方法进行解决。

比如，大家都知道前推运镜的拍摄方法是镜头往主体位置推进，但是如果不知道这个镜头的作用和原理，下次遇到需要使用前推运镜拍摄的情况时，就可能使用后拉运镜拍摄，导致拍出相反的效果。

视频剪辑也是同理。在进行速度剪辑的时候，当节奏需要舒缓时，慢速剪辑和慢节奏配乐都是必不可少的，这时理论就可以发挥作用了，因为知道慢节奏剪辑的原理，在这种情景下就能处理得很顺手，而不是胡乱寻找一些快节奏的音乐、特效素材进行搭配，发现不适配再去调整，浪费时间。

（3）本书的第三个亮点：实战化。

本书的11个运镜拍摄技巧都是依托实战拍摄的视频进行讲解的，包含效果视频，让读者可以直观感受。剪辑篇中的65个技巧也是案例教学，在实战中讲解知识和技巧，使用剪映App，帮助读者朋友们学得更轻松、更方便。

在学习节奏感视频剪辑的过程中，仅学习理论是不够的，“纸上得来终觉浅，绝知此事要躬行”，不能纸上谈兵，一定要动手，在实战中学习，才能掌握和巩固知识。

学习能力不够强的读者，可以跟着教学视频边看边学，本书赠送了108个教学视频和240多个素材、效果文件，让读者可以跟着练。

有基础的读者，可以举一反三，在掌握书中技巧的同时，用自己的素材剪辑相似的效果，从而达到掌握核心干货的目的。

特别提示

为了让读者更好地学习爆款短视频制作，特别进行如下提示说明。

（1）在编写本书时，笔者使用的是当前版本软件（剪映App版本13.2.0）截的实际操作图片，但书从编辑到出版需要一段时间，在这段时间里，软件界面与功能会有调整与变化，比如有的内容删除了，有的内容增加了，这是软件开发商做的正常更新。读者阅读时，根据书中的思路，举一反三地进行学习即可，不必拘泥于细微的变化。

（2）剪映App中的一些功能，需要开通剪映会员才能使用，非会员仅有有限的免费次数可以试用。对于剪映深度用户，建议开通会员，使用更多的功能并得到更多的玩法体验。

资源获取

读者可以用微信扫一扫下面的二维码，关注微信公众号“博雅读书社”，输入本书77页的资源下载码，根据提示获取随书附赠的素材、教学视频等资源。

博雅读书社

售后联系

本书由木白编著，参与编写的人员还有邓陆英等，提供素材和帮助的人员有向小红、黄建波、王甜康、罗健飞等，在此表示感谢。由于作者知识水平有限，书中难免有疏漏之处，恳请广大读者批评、指正。

目录

拍摄篇

剪辑篇

拍摄篇

第1章 10个技巧，把握脚本的节奏感

对于短视频来说，脚本不仅可以用来确定故事的发展方向，而且可以提高短视频拍摄的效率和质量，同时还能指导短视频的后期剪辑。如何把握脚本的节奏感呢？本章从框架、主题、要素、结构、开头、内容、反差、结尾和优化技巧等方面，帮助短视频创作者掌握短视频脚本的创作方法和思路。

001 搭建脚本框架，打造结构感

创作者在正式开始创作短视频脚本前，需要做好一些前期准备工作，将短视频的整体拍摄思路确定好，同时制定一个基本的创作流程，搭建好脚本创作框架，让整个过程更有结构感。图1–1所示为编写短视频脚本的前期准备工作。

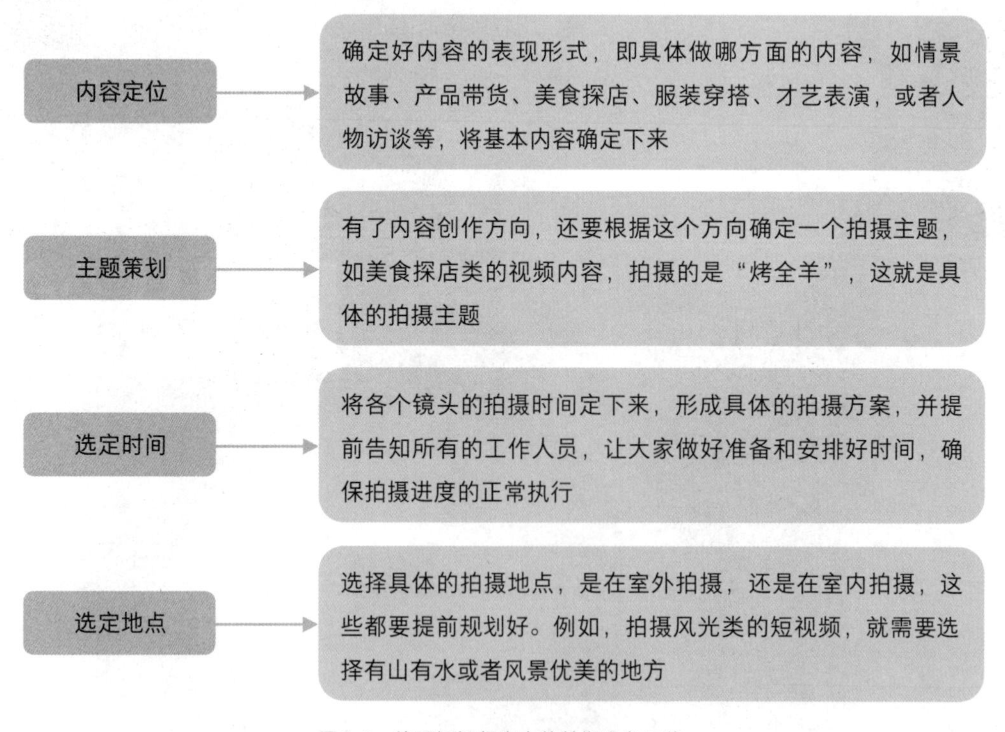

图1–1 编写短视频脚本的前期准备工作

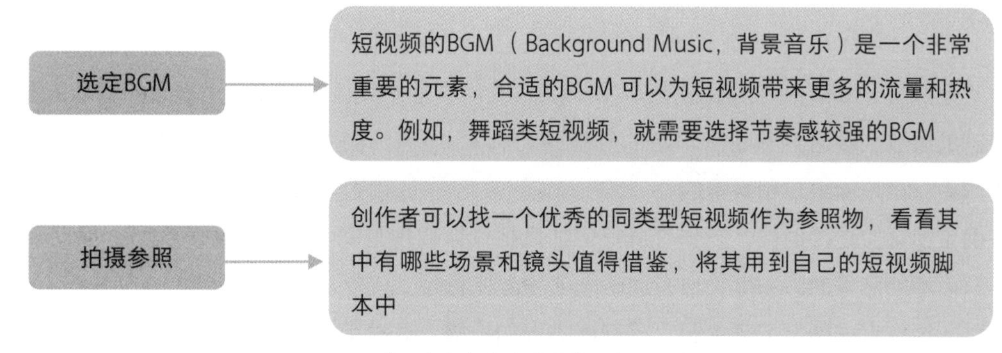

图 1–1　编写短视频脚本的前期准备工作（续）

在搭建框架的过程中，还需要一项项地完善相应的准备工作，比如确定视频主题和选定相应的拍摄地点，这样才能确保脚本设计和拍摄工作有条不紊地展开。

002　确定视频主题，掌握方向感

在设计脚本之前，短视频创作者需要确定自己的账号定位，根据定位确定短视频的拍摄主题。

如何确定短视频的拍摄主题呢？大体上有两种方式，一是针对网络上的热门现象做专题策划，二是针对原生内容做专题策划。下面介绍相应的参考方向。

❶ 从当前热点事件、节日等方面入手，比如奥运会、流行热梗、春节、情人节等，寻找拍摄主题。

❷ 从社会话题入手，比如环境保护、人工智能、健康养生、职场生涯等，寻找拍摄主题。

❸ 从自己所关注的兴趣爱好入手，比如旅游、美食、音乐等，寻找拍摄主题，这样会更有积极性。

❹ 从创意和创新的角度入手，比如创造性地解决问题、新奇的想法、科技创新等，寻找拍摄主题。

在确定视频主题的时候，如何判断一个话题是否为观众的高频关注点呢？创作者可以通过分析同类视频账号、搜索同类内容的视频排名、进行问卷调查、结合自己的生活经验等方式来进行判断，详细方法如图 1–2 所示。

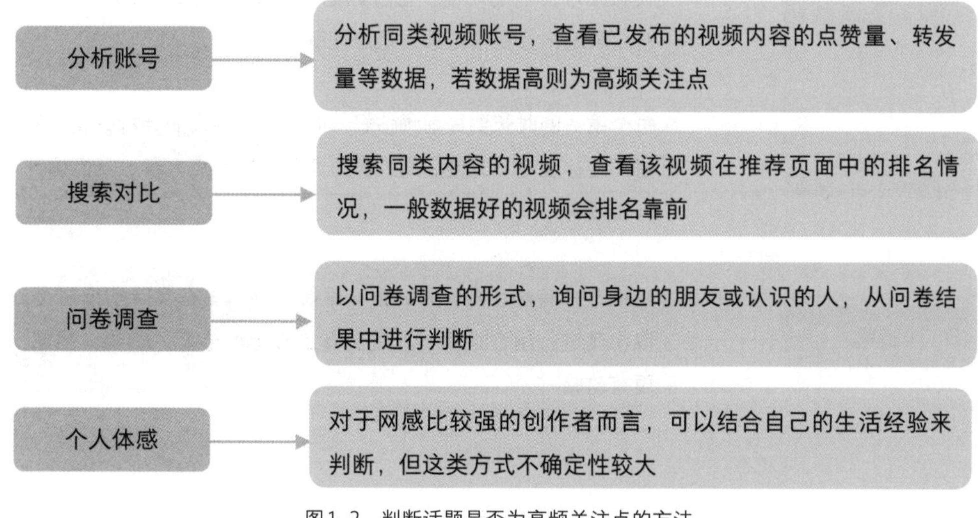

图 1–2　判断话题是否为高频关注点的方法

网感是指对互联网热点的敏感度，“蹭热点”式创作短视频，可以保证短视频的基本流量。

网感的建立，要求创作者有丰富的互联网“冲浪”经验、极强的洞察力和敏锐的判断力，对于新手创作者而言是需要日积月累的。

在确定视频主题的时候，创作者最好独创风格，以取得与同类账号的竞争优势，保证个人的独创性，从而增加账号的识别度，也有助于增加粉丝的黏性。

总之，创作者先确定视频主题，再设计脚本和拍摄，这样可以让短视频获得更多的流量。

003 掌握脚本要素，制作条理感

没有草图，很难建设出大房子，脚本同理。脚本主要用于指导所有参与短视频创作的工作人员的行为和动作，从而提高工作效率，并保证短视频的质量。

在设计短视频脚本之前，创作者需要明确短视频的脚本要素，这样才能用要素组成完整的短视频脚本。下面介绍6个脚本要素，如图1–3所示。

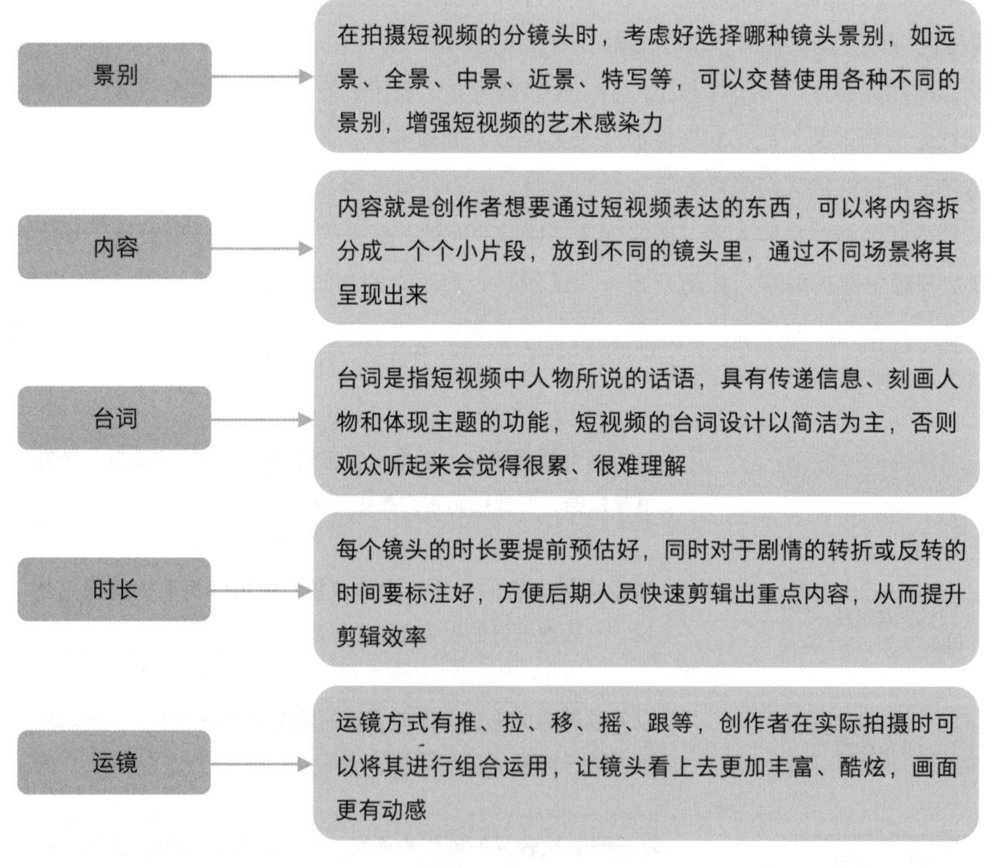

图1–3　分镜头脚本的6个基本要素

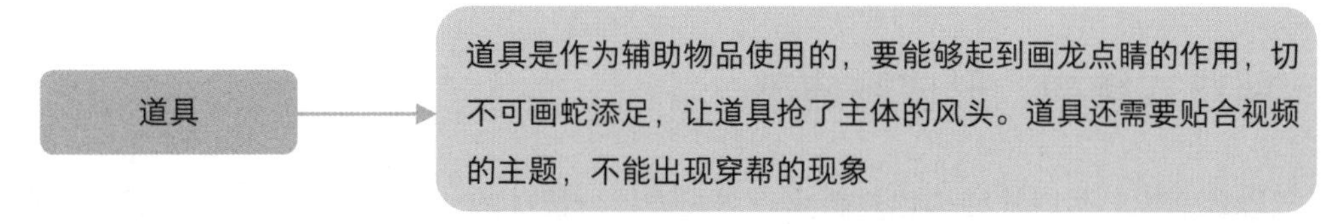

图 1–3　分镜头脚本的 6 个基本要素（续）

在设计分镜头的时候，这 6 个基本要素并不是都会被用到，但是内容和景别一般是必备的要素。比如，在拍摄固定镜头的时候，运镜方式就用得少；在拍摄自然风光的镜头中，道具用得也不多。

在短视频脚本中可以对每个要素进行精雕细琢的打磨，如景别的选取、场景的布置、服装的准备、台词的设计及人物表情的刻画等，从而呈现出更完美的视频画面效果。

004　三段式结构，提高逻辑感

如何让短视频脚本具有逻辑感，分镜头画面更有层次感呢？结构是必不可少的。结构搭建得好，故事就能被充分讲述。目前，对于短视频而言，线性叙事是最常见的，下面为大家介绍三段式结构，帮助创作者更好地设计脚本。

什么叫三段式？三段式就是将故事分为开端、中段和结尾三部分，也就是起承转合，这也是情节发展的一般规律，就跟写作文一样，把故事的来龙去脉讲述清楚。下面介绍一些三段式结构，如图 1–4 所示。

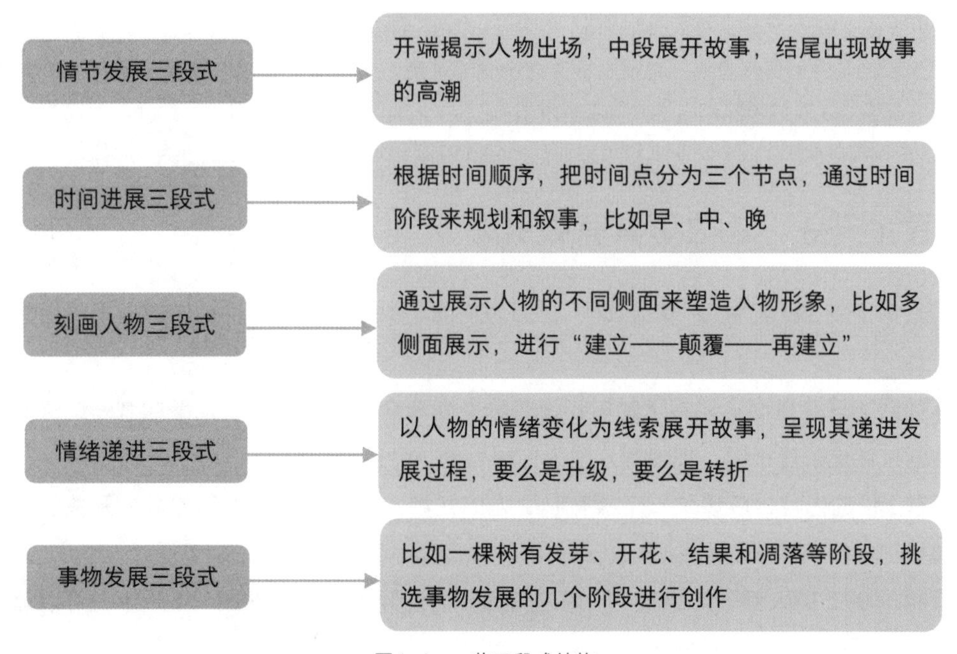

图 1–4　一些三段式结构

除了上述几个三段式，在大三段式里也有小三段式。比如，在开端中有开端、中段和结尾；在中段中有开端、中段和结尾；在结尾中有开端、中段和结尾。

005 两段式结构，形成呼应感

除了三段式结构，两段式结构也是叙事表达和设计分镜头的一种常用形式。两段式结构主要通过前后、上下段落之间形成呼应、对比或碰撞构成叙事。下面介绍一些两段式结构，如图1-5所示。

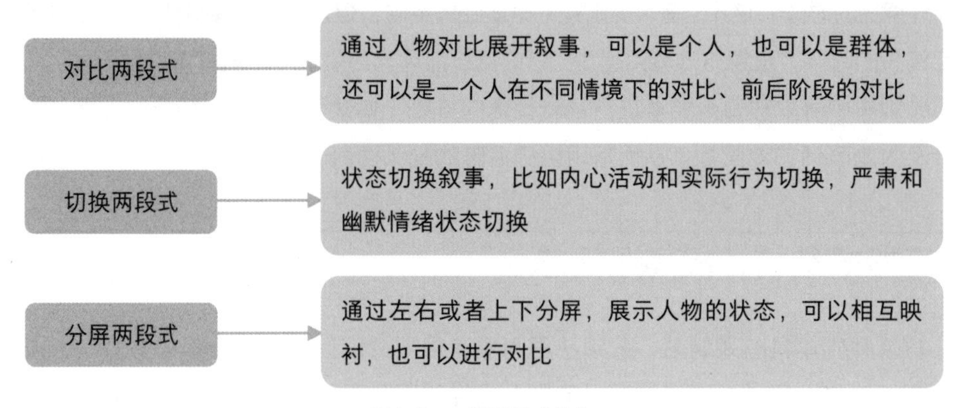

图1-5 一些两段式结构

故事的结构是非常重要的，在设计短视频脚本的时候，带着结构意识设计情节，故事整体一定是能够被讲述清楚的，后期剪辑也有据可依。

温馨提示

在设计脚本故事的时候，还需要把握视频的时长，一般而言，短视频的时长控制在60秒以内为最佳，这就需要在脚本中确定视频的节奏和时间，包括开头、中间和结尾的情节，以及每个情节所占用的时间。

对于短视频脚本创作而言，视频创作者想要提升能力，不但需要多写、多练、多拍，还需要多看，从电影或其他优秀的短视频中汲取养分，提升自我。

006 黄金开头，让故事具有吸引力

短视频最前面的3秒被称为“黄金3秒”，因为前面3秒是吸引观众观看你的短视频最为重要的一个时间段。

如果在视频的开头里面，你展示的内容没有吸引到观众，没有激发观众继续观看的兴趣，那么观众就会直接划过你这条短视频，想使观众成为你粉丝的机会就微乎其微了。

短视频前3秒的内容，应该是一个极有吸引力的开场，如何在脚本中制作黄金开头呢？下面介绍几个开头模板。

❶ 第1种：“99%的人都不知道××”，用这句话作为视频的开头，如图1-6所示，可以让观众产生好奇感，进而观看接下来的视频内容。

❷ 第2种：“我被××上了一课”，在视频开头提出一个结论，可以吸引观众观看视频内容，了解这个结论的由来。

❸ 第3种：“如果你××了，你会怎么办”，使用疑问句作为视频的开头，会把观众代入情境中，进行自我反思，从而观看视频，如图1-7所示。

图1-6　开头使用“99%的人都不知道××”模板的视频画面

图1-7　开头使用“如果你××了，你会怎么办”模板的视频画面

❹ 第4种：“我把××怎么样了”，这种开头通常会使用一些夸张的手法，吸引观众观看视频，查看经过由来。

❺ 第5种：“××是一种怎么样的体验”，疑问句作为视频的开头，会让观众具有好奇感，查看后续剧情。

❻ 第6种：“当年的××现在怎么样了”，每个人都有好奇心，当××是观众熟悉的人物时，他们更有可能对视频内容产生兴趣。

❼ 第7种：“最新的××，你不会还不知道吧”，这种开头适用于产品介绍类短视频，让观众产生好奇心，了解视频内容。

通过上面的模板可以看出，使用反问、疑问式开头，会有效地激发观众的兴趣。此外，还可以通过引入主要角色或主题来迅速建立剧情背景和情感连接。如果创作者在视频画面方面再细心安排，那么文案和画面双重保险，就会让短视频更有吸引力。

007　内容编排，让观众有充实感

一般短视频剧情包括开端、发展、高潮和结局4个部分。发展是短视频中最主要的部分，在这个部分中，向观众介绍情节的矛盾冲突、事件的详细内容，能起到承上启下的作用。

情节发展对于脚本而言，占比是非常大的，在编排短视频脚本内容的时候，如何设置情节呢？下面就来详细介绍相关技巧。

1. 情节真实自然

脚本创作要扎根于现实，符合生活的逻辑，这样，情节才能真实和自然。这里的真实自然，主要有两个方面的含义，具体内容如图1-8所示。

情节的产生和发展，要符合人物的性格特征 → 如果某个人的性格是内敛的、沉稳的，那么发生在他身上的情节，就要符合这个性格特征。例如，他面对情敌时，可以是公平竞争，但是不会毫无理由地出手打人，因为这一情节非常不符合他的性格特征，在创作短视频剧本时，创作者一定要注意这一点

图1-8　情节真实自然的两个方面含义

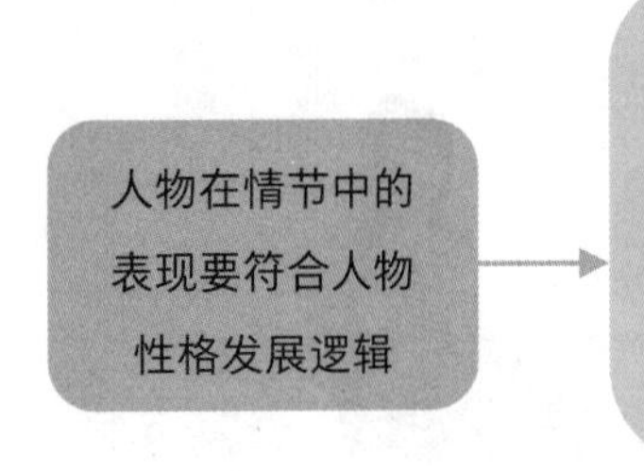

大部分的短视频中都不会直接跟你介绍视频中人物的性格特征，只会通过情节的发展让观众自己去领会。比如，某一个短视频博主在自己的短视频中经常捉弄自己的弟弟，那么他就不会只捉弄他弟弟，如果其他人出镜，我们也可以看到他捉弄这些人的场景，这才符合人物性格发展逻辑

图1–8 情节真实自然的两个方面含义（续）

情节是由人物的性格发展衍生而来的，违反了人物性格的情节是没有根基的，会产生漏洞，受到观众的抨击。比如，主角的性格前后割裂严重，或者非常扁平化，那么观众一般是不会买单的。

故事可以离奇，但是不能虚假，不然作品就是悬浮的，观众也会快速关闭视频。一时的火热并不能代表长期的火热，要想固粉，创作者在创作分镜头脚本的时候，一定要设置较为真实的情节，不要让“离谱”“悬浮”这些字眼成为自己的标签。

2. 发展节奏得当

故事发展要真实、自然，就需要把控节奏，节奏把握得不好，抓不住观众的心，观众就会快速切换视频。只有掌控了节奏，才能留住观众。如何把握脚本的发展节奏呢？相关技巧如图1–9所示。

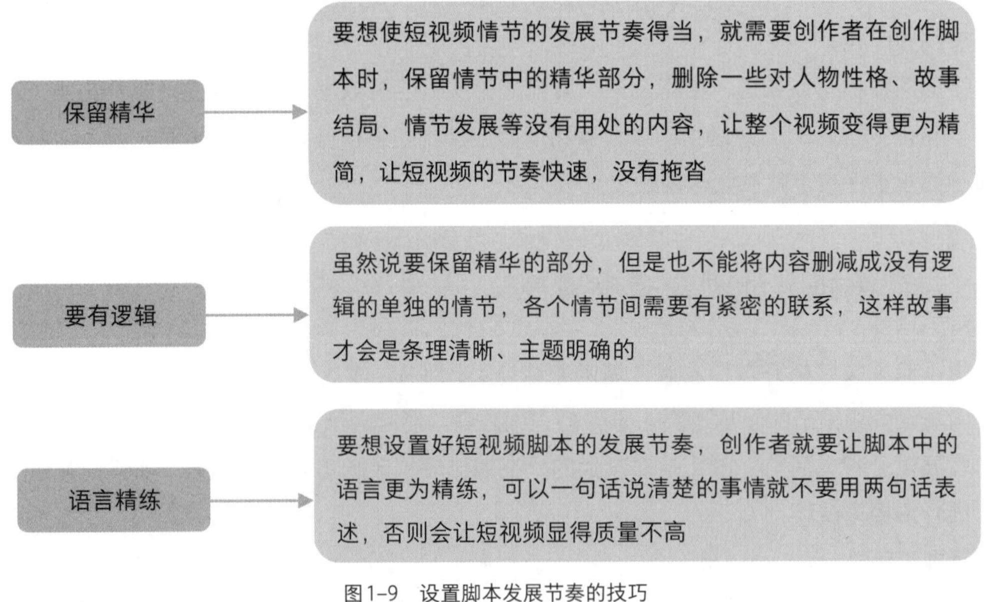

图1–9 设置脚本发展节奏的技巧

008 设计转折，制作反差感

打造黄金开头可以吸引观众观看视频，设计反转和冲突，制作反差感可以有效提高观看时长和完播率。下面为大家介绍一些设计反转剧情的技巧。

❶ 人物性格反转：通过人物的性格、行为等方面的变化，展示人物内心的复杂性和多面性。这种技巧能够使人物形象更加立体，让观众对人物的性格和行为有更深入的理解。比如，一个胆小的小男孩，一直不敢主动交朋友，在老师的鼓励下，变得勇敢起来，交到了很多的好朋友。

❷ 情节反转：通过故事情节的反转或意外的发展，打破读者的预期和想象。这种技巧能够给故事增加波澜，让故事更加曲折、有趣。比如，一个本来应聘成功的男子，忽然又被公司辞退了，原来是HR弄错了简历。

❸ 视角反转：通过改变故事的叙述视角，让观众对故事的认知和理解发生转变。这种技巧可以打破单一的视角限制，让观众从不同的角度去理解和思考剧情，增强深度和广度。比如，在拍摄医生和病人之间的故事时，可以从病人视角展示，也可以穿插医生视角，让视角反转，两个视角还可以互相补充，让故事更完整。

❹ 情感反转：通过人物情感的转变或反转，展示出人物内心的复杂性和多面性。这种技巧可以使人物形象更加立体，让观众对人物的情感有更深入的理解。比如，在很多先婚后爱的短视频里，通常会设置两个不相爱的人先结婚，然后在后续的相处中再相爱，大部分的观众都喜欢这类反转。

❺ 角色反转：通过人物角色之间的关系或身份的反转，打破观众的预期和想象。这种技巧能够增加故事的戏剧性和悬念，让观众对角色的命运和发展有更强烈的关注和期待。比如，在一个幸福的家庭里，孩子忽然发现自己不是父母亲生的，他觉得自己不属于这个家庭，开始性情大变；一对情侣，父母告诉他们，其实他俩是失散多年的兄妹，都是这种设定。

❻ 结局反转：通过结局的反转或出人意料的发展，让观众对故事的结局有更深入的理解和感悟。这种技巧能够增加戏剧性和悬念，让观众对故事的结局有更强烈的关注和期待。比如，在悬疑视频中，罪犯其实不是一直有着最大嫌疑的那个人，而是未知的，结局留下悬念，让观众意犹未尽。

009　结尾升华，增强互动感

一个优质的短视频一定是有结尾的，好的结尾可以让观众产生共鸣，从而关注视频博主。下面介绍一些设计短视频脚本结尾的技巧，增强视频的互动感。

❶ 金句升华类：和黄金开头一样，结尾使用金句，可以对视频画面进行升华和强调。比如，在励志视频的结尾加上金句“人的一生，没有一味的苦，没有永远的痛，没有迈不过的坎，没有闯不过的关”。

❷ 总结互动类：结尾总结回顾要点，并引导观众在评论区互动，这种形式的结尾特别适用于干货类视频。比如，在盘点类视频中，结尾会总结要点，并提出相应的问题，让观众评论。

❸ 抒情励志类：抒情、励志的结尾，可以起到宽慰和治愈人心的作用。比如，在正能量视频里，用类似于“每个人的人生都会有遗憾，但重要的是，不要把遗憾当成包袱。别人拥有的，不必羡慕，只要努力，你也将会拥有”的文案作结尾。

❹ 呼吁行动类：在结尾呼吁观众一起行动，可以传递正能量，增强感染力。比如，在“光盘行动”视频的结尾，呼吁大家一起行动起来，节约粮食，不要浪费食物，如图1-10所示。

图1-10　呼吁行动类结尾画面

❺ 激发感召类：激情昂扬的情绪容易让观众

产生共鸣，这种形式的结尾适用于观点类视频。比如，在结尾表达完观点之后，留下“你说对不对”“相信你也感受到了”等容易引发互动的句子。

❻ 美好祝福类：在结尾留下祝福、祝愿，互相鼓励，祈祷越来越好。比如，在健身技巧分享视频的结尾，祝愿观众都有健康的身体。

视频结尾很重要，就算只有一句话，都能让观众感受到视频的完整性。反之，没有结尾或结尾不了了之，就会降低视频的播放量和完播率。

010 优化技巧，提升专业感

脚本是短视频立足的根基。当然，短视频脚本不同于微电影或电视剧的剧本，尤其是用手机拍摄的短视频，不需要太多复杂多变的镜头景别，创作者应该多安排一些反转、反差或充满悬疑的情节，来勾起观众的兴趣。

同时，短视频的节奏很快，信息点很密集，因此，每个镜头的内容都要在脚本中交代清楚。本节主要介绍短视频脚本的一些优化技巧，帮助大家写出优质和专业的脚本。

1. 站在观众的角度思考

要想拍出真正优质的短视频作品，创作者需要站在观众的角度去思考脚本内容的策划。比如，如果自己是观众，最想看到什么样的内容，最容易被当前的哪些内容所吸引等。在短视频领域，内容比技术更重要，即便只有简陋的拍摄场景和服装道具，只要内容足够有吸引力，可以抓住观众的目光，视频就能爆火。

技术是可以慢慢练习的，内容创作却需要创作者有一定的灵感。抖音上充斥着各种“五毛特效”，但因为这些短视频的内容是经过精心设计的，所以仍然获得了观众的喜爱。说明创作者了解观众的痛点，更有可能创作出优质作品。

比如，下面这个短视频账号中的人物经常模仿各类影视剧角色的装扮，每个模仿视频都恰到好处地体现了被模仿人物的特点，而且特效也用得恰到好处，获得了很多粉丝的关注和点赞，如图1-11所示。

图1-11 模仿装扮的视频画面

2. 模仿精彩的脚本

如果创作者在策划短视频的分镜头脚本内容时，很难找到创意，也可以去翻拍和改编一些经典的影视作品。

创作者可以在豆瓣电影平台上找到各类影视排行榜，如图1-12所示，将排名靠前的剧集都列出来，从中搜寻经典的片段，包括某个画面、道具、台词、人物造型等内容，将其用到自己的短视频中。

图1-12　豆瓣剧集排行榜

除此之外，创作者还可以观看一些点赞量比较高的短视频，总结他人成功的经验，用到自己的短视频脚本创作中来。比如，变身类的短视频，播放量一般都很高，创作者可以模仿其中的变身形式和卡点节奏，并在此基础上进行创新，让视频画面更有吸引力。

模仿精彩脚本的优点主要有3点，具体内容如图1-13所示。

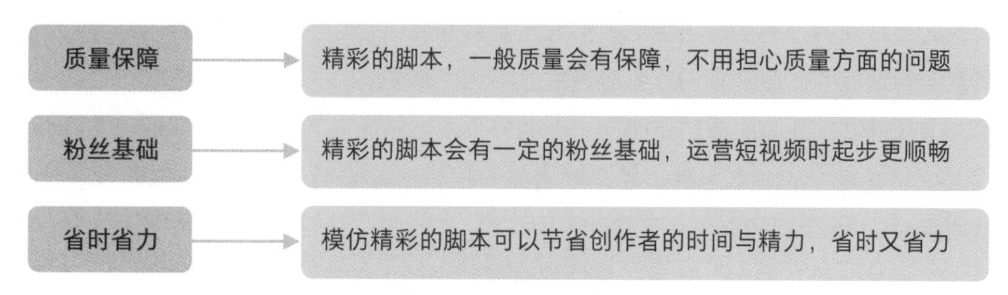

图1-13　模仿精彩脚本的优点

模仿精彩脚本有哪些技巧呢？主要有以下3个方面。

（1）模仿框架：创作者可以模仿其框架的写作方法，用到自己的创作中。

（2）区分细节：模仿别人的精彩脚本，一定要在细节的地方和别人区分开来。

（3）要有创新：一个精彩的脚本中一定会有让人眼前一亮的突出点，创作者可以在此基础上，进行创新，创造出新的亮点。

3. 增加网感

所谓网感，就是指对网络的感知能力，准确地说是由互联网社交习惯建立起来的思考方式和表达方式。通常情况下，能够做出爆款短视频的人都是网感极强的人，他们往往能比普通人更加敏锐、迅速地捕捉到热点信息，并制作出热门视频。

为了有效地发挥短视频脚本的作用，短视频创作者必须具有一定的网感捕捉能力。下面介绍一些培养网感捕捉能力的技巧。

（1）看短视频。短视频创作者建立网感主要是为了制作出爆款短视频，因此需要大量地观看短视频，了解爆款短视频的特点。那么，短视频创作者应该怎么观看短视频呢？或者说应该看短视频的哪些方面呢？具体内容如图1-14所示。

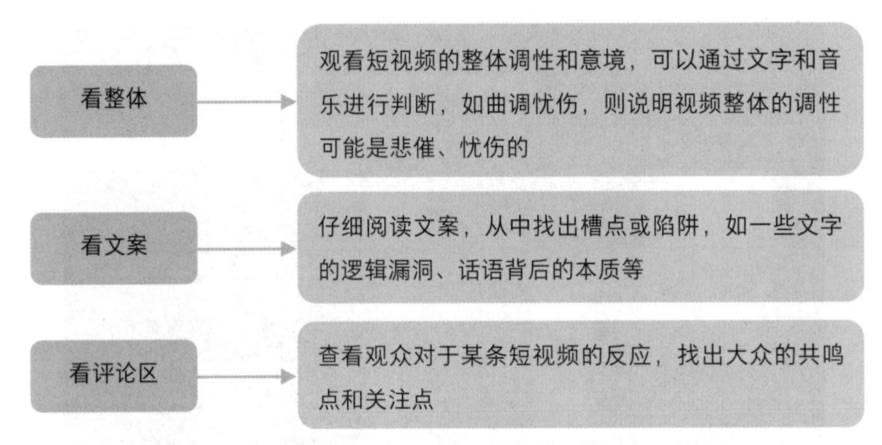

图1-14 观看短视频的几个方面

短视频创作者可以先选择一个短视频平台，观看视频的同时遮挡视频的点赞、评论、转发等数据，看完之后，先猜测该视频的数据如何，再查看正确率，具体可以猜测此视频在观看时和观看6个小时后的数据量，以此来培养网感。采用这种方法最好选择多个短视频平台进行观看，以保证网感的可信度。

（2）分析数据。爆款视频主要是靠数据堆积而来的，因此短视频创作者可以通过分析爆款视频的数据来培养网感。具体来说，短视频创作者需要先找到爆款视频，然后分析其背后的情绪起伏线和评论区热词对应的视频内容，最后得出结论并形成一定的网感。

在分析数据的过程中，短视频创作者应该建立下述3种感觉。

① 对象感：分析爆款视频的成功是面向一小部分人，还是面向大多数人，以此确定观众的需求。

② 代入感：站在观众的角度思考，若是观看某一视频，其吸引点是什么、能够收获什么（包括精神层面和物质层面）、这个视频有无不可替代性。

③ 共鸣感：通过点赞、收藏、转发、关注等数据和评论区的讨论话题，来推断某一爆款视频受到大众普遍关注的点是什么、产生共鸣的话题是什么。

短视频创作者可以有意识地用上述3种感受去分析爆款视频的数据，并厘清思路、得出结论。

（3）学以致用。短视频创作者观看大量的短视频并分析其数据，主要目的在于能够将所得用到自己的短视频制作中，因此学以致用也是培养网感捕捉能力的一个重点。在这方面，短视频创作者要掌握以下几个技巧。

① 建立灵感库：短视频创作者在观看了大量的爆款视频和分析了其数据之后，会形成一定的感知度，这一感知度可以帮助我们产生短视频脚本创作、文案写作、拍摄与剪辑等方面的灵感，将转瞬即逝的灵感收集起来建立一个灵感库，以待备用。

具体来说，短视频创作者可以从账号简介、标题、文案、爆款梗、干货、封面等维度来建立灵感库。

② 讲故事为主：比起纯粹地说理和硬干货分享，讲故事的形式更受大众的喜爱，这也是为什么在

很多短视频平台中的剧情演绎类短视频往往是爆款视频的原因。短视频创作者可以在对热门话题或事件有了一定的感知度后，以讲故事的形式来阐述你所要表达的观点或内容。

需要注意的是，短视频创作者可以自创故事融入观点，也可以改编故事输出观点，且讲故事尽量以朴实、亲近为主，这样更容易引起观众的共鸣。

③ 区分平台：不同的短视频平台调性不一样，其热点和爆款视频也会有所区别。比如，快手平台主打“老铁文化”，其爆款视频多数是以分享朴实生活为题材的短视频，如图 1–15 所示。

抖音平台聚焦年轻人的潮流文化，其爆款视频多数是带有炫酷特效、画面精美的短视频，如图 1–16 所示。因此，短视频创作者在运用网感制作视频的时候，要注意区分不同的平台。

图 1–15　快手爆款短视频示例

图 1–16　抖音爆款短视频示例

④ 刻意练习：“熟能生巧”在短视频领域也同样重要，任何技术、能力达到一种炉火纯青的阶段才能保持得更为长久。短视频创作者无论是观看短视频分析数据，还是运用网感制作短视频，都需要勤加练习。

（4）终身学习。短视频作为一种更新速度很快的事物，很难长期保持不变的状态，当前所培养的网感捕捉能力也可能在短期内便无用武之地，况且网感捕捉能力高的表现并非一味地紧追热点，而是能够自创热点，开发出一股新的潮流。因此，短视频创作者应当树立终身学习的观念，学习为自己的短视频内容注入新鲜的“血液”。

具体来说，短视频创作者欲保持终身学习的状态，有以下几个方法可以借鉴。

① 在选题上：短视频创作者可以通过大量阅读来扩充自己的知识储备和提高自己的认知，并保持对生活的敏感度和洞察力，将其提炼并制作成短视频内容，以创造出热门话题。

② 在拍摄上：高水准的拍摄技术可以提高短视频的制作效率。短视频创作者可以在掌握运镜技巧的基础上，创新拍摄手法，拍摄出更有战术性的短视频画面。

③ 在文案上：文案对于表达短视频内容的作用是无可代替的。短视频创作者应立足于生活，细致地观察生活，将撰写文案的功夫打磨到“一鸣惊人”的水平.

④ 在剪辑上：剪辑与拍摄有异曲同工之处，短视频创作者可以在掌握基本的剪辑技巧的基础上，创造新的技法，融入更高级的音效、特效，打造出画面与内容巧妙地融为一体的短视频作品。

第2章 12种技巧，掌握拍摄的节奏感

短视频除了一镜到底拍摄的画面，大部分是由多个镜头组合而成的，每个镜头有不同的拍法，每段画面可以由不同的镜头拍摄。本章将为大家介绍主客观镜头、多景别镜头、多角度镜头、固定镜头、运动镜头、人物镜头、景物镜头等拍摄技巧，帮助大家掌握拍摄的节奏感。

011 主客观镜头，增强叙事感

客观镜头是代表客观心理角度的镜头，也称中立镜头。客观镜头的视点模拟了一个旁观者的视点，对镜头所展示的事情不参与、不判断、不评论。

在纪录片、新闻报道等视频中大量使用了客观镜头。客观镜头只记录事件的状况、发生的原因、造成的后果，不作任何主观评论，让观众去评判和思考。

当然，在一些影视和Vlog（Video Blog，视频日志）的拍摄过程中，是无法做到完全客观的，因为创作者会带有一定的情感倾向。因此，我们在影视中所看到的客观镜头，本质上并不客观，只是看起来是一个第三者视角或者说上帝视角罢了。

总之，客观镜头的客观性，是相较于主观镜头而言的。

什么是主观镜头呢？主观镜头是一种主体的视点和视觉印象拍摄的镜头。当角色扫视场面时，摄像机就会代表该角色的双眼，直接观察场景中的人和事。

主观镜头运用拟人化的视点运动方式，能让观众产生身临其境的感觉，从而调动观众的注意力，增加参与感。

在拍摄视频的时候，主客观镜头相结合的方式就是“三镜头法”，“三镜头法”又叫“好莱坞三镜头法”。“三镜头法”是大卫·格里菲斯最先在电影中采用的拍摄方法，一直沿用至今，成为影视语言中最常用的叙事技巧和剪辑手段，就是我们平常说的正反打，下面以图解的方式加以说明。

先用一个镜头交代人物A、B与场景的空间关系，即客观镜头，如图2-1所示。

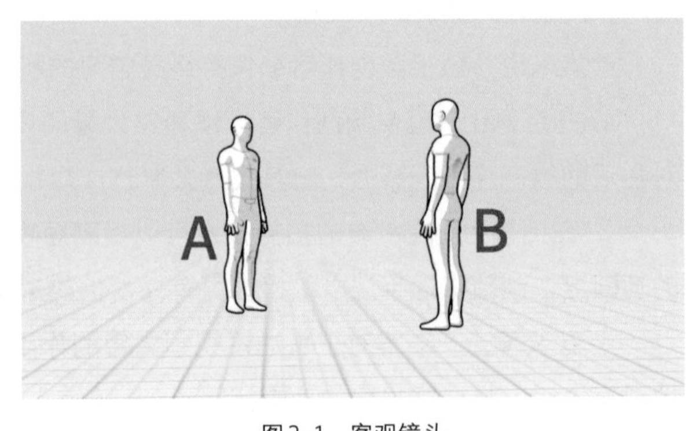

图2-1 客观镜头

然后切到人物A的正打，即主观镜头，如

图2-2所示。最后切到人物B的反打，这里能看到人物A的肩膀，所以是半主观镜头，如图2-3所示。

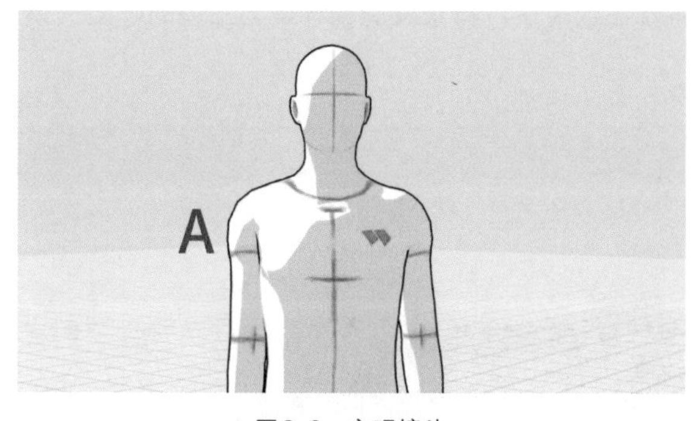

图2-2　主观镜头

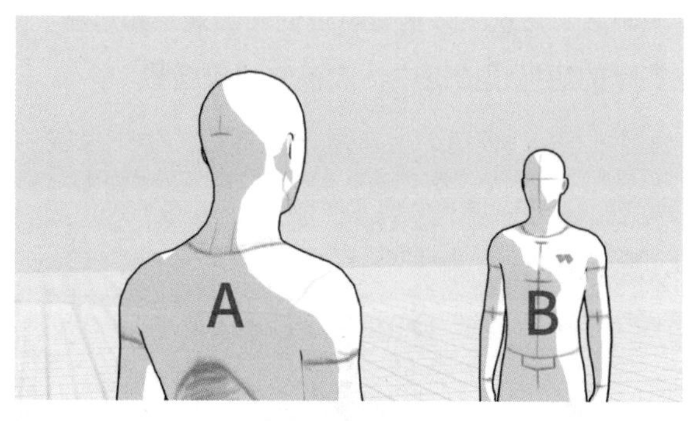

图2-3　半主观镜头

其中，第2个镜头和第3个镜头都是第1个镜头中场景的一部分，而第2个镜头和第3个镜头本身又有重合部分，这就达成了时空一致的平衡观，符合好莱坞封闭空间观念中的连贯性。

012　多景别镜头，塑造层次感

景别是指在焦距一定时，由于摄像机与被摄对象的距离不同，而造成被摄对象在显示器中所呈现出的范围大小的区别。景别会影响观众对画面的理解，因此，创作者可以利用好各种场面和镜头调度，交替使用不同的景别，让画面具有层次感，使剧情可以顺利地推进，能更好地处理人物关系及增强短视频的感染力。下面介绍5种基础景别镜头。

❶ 远景镜头：通常是把摄像机放在离被摄对象很远的一个地方，重点拍摄人物周围的环境空间，对于人物本身而言，在画面中是不显眼的。在远景镜头中，人物都是一个一个的点，并不是很明显，因此，远景镜头通常用来展现场面的宏大，如图2-4所示。

图2-4　远景镜头画面

在拍摄远景镜头时，要注意画面整体的结构、空间的深度，如果不是用来交代大环境，要尽量少用远景，因为有些远景镜头里没有人物内容，很难推动情节的发展。

❷ 全景镜头：全景镜头的拍摄距离比较近，能够将人物的整个身体完全拍摄出来，包括性别、服装、表情、手部和脚部的肢体动作，如图2-5所示。

在全景镜头中，部分细节相较于远景而言，是比较清晰的。因此，全景镜头在情节发展中具有重要的作用，而在一些短剧、访谈或新闻报道类短视频中，全景镜头常用在开场画面中。

全景中的主体，应成为画面的视觉中心、内容中心和结构中心。拍摄全景镜头时，要注意空间深度的表达、注意主体富有特征的轮廓线条和形状，还需要注意前景、背景及周围环境与主体的呼应关系。在实际的短视频拍摄中，应该先拍摄全景。

图2-5 全景镜头画面

❸ 中景镜头：中景是底部画框刚好卡在人物膝盖左右位置或拍摄到场景局部的画面，可以使观众看清人物半身的形体动作和情绪，如图2-6所示。在一些动作、对话和情绪交流的短视频画面中，可以多使用中景镜头，用来过渡剧情。

图2-6 中景镜头画面

在拍摄中景镜头的时候，注意场面调度要富有变化，在构图上最好新颖，讲究画面的优美度。

❹ 近景镜头：近景一般拍到人物胸部以上的位置，或展现物体的局部画面，如图2-7所示。近景可以近距离表现短视频中人物的面部神态，以及一些小动作，所以在刻画人物性格、传递人物情绪的画面中，近景镜头是必不可少的。

图2-7 近景镜头画面

❺ 特写镜头：拍摄人或物体的具体局部画面就是特写镜头，拍摄特写镜头的目的就是让观众看清角色细微的动作及情感，特别是面部表情，如图2-8所示。

图2-8　特写镜头画面

在拍摄特写镜头的时候，除了把镜头尽量靠近被摄对象，还可以利用变焦进行取景，放大焦段，获取想要的视频画面。

013　多角度镜头，打造立体感

在拍摄一个具体对象的时候，根据画面需要，我们可以平拍、俯拍或仰拍，拍摄其正面、背面或侧面，展示被摄对象不同角度的样子。

这些灵活多变的角度镜头，可以让短视频画面更多变。不同的角度镜头可以赋予被摄对象不同或相反的感情色彩，甚至产生独特的造型效果。下面介绍一些角度镜头，让视频画面更加立体。

❶ 平拍角度镜头：是指相机镜头与被摄对象的视点处于同一水平线上，以平视的角度拍摄的镜头。

平拍角度比较接近人们观察事物的视觉习惯，画面中的大部分事物都比较客观，而且与现实中的样子不会有大的差距。图2-9所示为使用平拍角度拍摄的人物画面，画面中的视觉水平线与人物的视线差不多一样高，可以展示人物最客观的状态。

图2-9　平拍角度镜头画面

❷ 俯拍角度镜头：俯拍角度就是镜头从上往下拍摄，在普通的地面水平线上，可以举高摄像机或利用地形上的高度差进行俯拍取景，展现所拍摄的环境。

俯拍人物时，这种居高临下的视角会削弱人物的力量和重要性。在短视频中，使用俯拍角度拍摄人物，会使其变得娇小起来，如图2–10所示。

图2–10 俯拍角度镜头画面

❸ 仰拍角度镜头：在杂乱的环境背景中拍摄某一对象时，用仰视的角度进行拍摄，以天空为背景，可以让画面背景变得简洁起来，从而更好地突出主体，如图2–11所示。

图2–11 仰拍角度镜头画面

在仰拍的时候，镜头一般会与地面水平线产生一定的角度，所以在仰拍建筑时，可以让其显得更高大和雄伟，如图2–12所示。

图2–12 仰拍建筑画面

❹ 正面角度镜头：采用正面角度拍摄的画面，可以直接展示人物的神态与动作，因此会比较正式和庄重，如图2–13所示，如果不想短视频画面太呆板，人物可以微微扭头。

用正面角度拍摄建筑等物体，可以突出建筑的对称感和气势宏伟。但是，如果在一段视频画面中，正面角度过多，就会显得过于平淡，缺乏张力。

图 2–13　正面角度镜头画面

❺ 侧面角度镜头：侧面角度是在被摄对象侧面 90 度的位置进行拍摄的角度，侧面角度不同于正面角度，它可以消除画面的呆板感，让画面显得活泼和自然。侧面角度有正侧面和斜侧面之分。图 2–14 所示为斜侧面角度镜头画面，画面中人物的身材显得比较苗条。

图 2–14　斜侧面角度镜头画面

❻ 背面角度镜头：背面角度是指镜头光轴与被摄对象的视线夹角呈 180 度，拍摄人物的背面，如图 2–15 所示。背面角度可以让观众更专注于背景中的环境或场景，并增加故事的神秘感，引发观众的好奇心。

图 2–15　背面角度镜头画面

014　固定镜头，营造静止感

固定镜头是指摄像机在机位不动、镜头光轴不变、镜头焦距固定的情况下所拍摄的画面。固定镜头是一种静态造型方式，它的核心就是画面所依附的框架不动，但是，它又不完全等同于美术作品和摄影照片，画面中人物可以任意移动，同一画面的中光影也可以发生变化。

不同的视频类型，用固定镜头拍摄时，也会产生不同的心理感受和视觉冲击。在一些表现特定情绪的画面中，固定镜头可以通过静态造型让观众感受到“静”。可以说固定镜头不仅具有观察性，同时还带有客观色彩。

用固定镜头可以衬托静的氛围和感受，让画面情绪内外呼应，如图2–16所示。

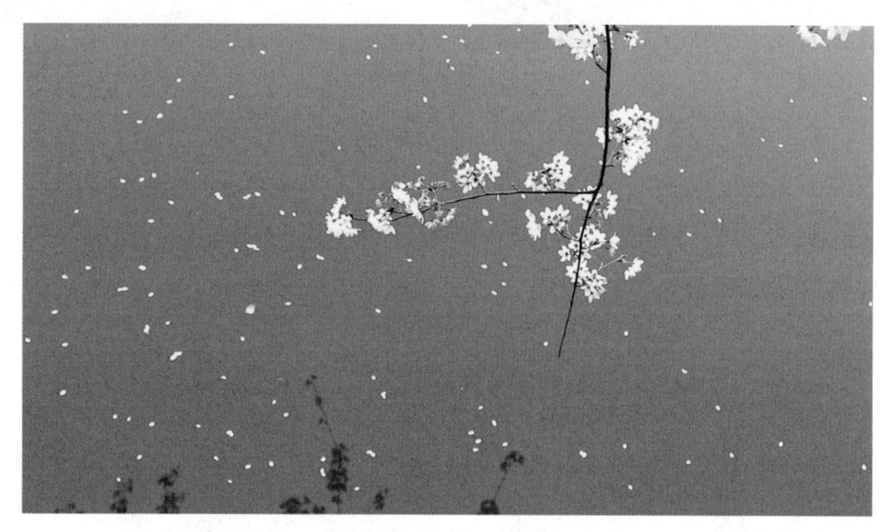

图2–16　固定镜头画面

固定镜头对构图要求比较高，也是最容易营造画面电影感的镜头。

015　运动镜头，画面有动感

运动镜头是指在拍摄连续画面时，通过移动机位、转动镜头光轴或变焦进行拍摄的画面，画面会有动感。运动镜头可以划分为推、拉、跟、移、摇、升、降、环绕及旋转镜头等，不同的运镜手法有着不同的表达效果。下面为大家介绍一些常用的运动镜头。

❶ 推镜头：主要有机位推和变焦推。推镜头可以用来展现人物，使观众注意力集中到某个主体上，从而产生更加强烈的代入感，还能强化人物的情绪，如图2–17所示。

图2–17　推镜头画面

❷ 拉镜头：主要有机位拉和变焦拉。拉镜头可以表现被摄对象和周围环境的关系，强化人物的某种心理情绪，如孤独、痛苦、无力等，如图2–18所示。

图2–18　拉镜头画面

❸ 跟镜头：镜头与被摄对象保持等速运动，主要有前跟、侧跟和后跟，可以创造出连贯而有变化的视觉效果。图2–19所示为侧跟镜头画面，镜头从人物的斜侧面跟随拍摄。

图2–19　侧跟镜头画面

❹ 移镜头：镜头固定角度水平移动。移镜头可以用来表现一些开阔场面，展现主体活动的场景，使得整个画面真实又富有生活气息，如图2–20所示。

图2–20　移镜头画面

❺ 升、降镜头：镜头做垂直方向的运动，可以表现纵深空间中的点面关系，展示事件或场面的规模、气势和氛围。图2–21所示为升镜头画面，图2–22所示为降镜头画面。

图2-21　升镜头画面

图2-22　降镜头画面

❻ 摇镜头：镜头机位不动，借助云台或拍摄者自身做支点，变动镜头轴线，主要有水平摇和垂直摇。可以用来介绍环境、转换拍摄对象、表现人物的运动，还能代表拍摄者的主观视线，表现人物的内心感受，如图2-23所示。

图2-23　摇镜头画面

❼ 环绕镜头：以被摄对象为中心环绕点，镜头围绕主体进行环绕运镜拍摄。可以展现主体与环境之间的关系或人物与人物之间的关系，营造独特的氛围，如图2-24所示。

图2-24　环绕镜头画面

❽ 旋转镜头：使被摄对象呈现旋转效果的镜头是旋转镜头。能够带来晕眩的主观感受，或者表现特定的情绪和气氛，如图 2–25 所示。

图 2–25　旋转镜头画面

选择什么样的运动镜头拍摄，取决于视频的叙事和情绪的表达需求，每个运动镜头的作用也不是一成不变的。

016　人物镜头，打造故事感

人物镜头在短视频拍摄中是非常重要的，在叙事和抒情的时候离不开人物镜头。如何拍摄人物镜头呢？下面介绍一些拍摄技巧。

① 合理利用光线：太阳光线在不断地变化，清晨和傍晚是比较柔和的，中午时分最刺眼，在阴天也可能出现蓝色。还需要考虑是顺光、侧光、逆光，还是顶光拍摄。不同的光线环境，拍摄出来的视频画面会有区别，所以，创作者根据视频类型和需求选择合适的光线环境，才能有的放矢。

② 合理利用拍摄角度：不同的拍摄角度可以展现出不同的画面效果，如果人物的侧面比较好看，创作者可以多从人物的侧面拍摄；如果人物身材矮小，创作者可以适当仰拍，让人物显得高大一些。

③ 合理利用拍摄焦段：在户外拍摄的时候，可能环境比较杂乱，这时可以升高焦段拍摄人物，从而突出人物，让背景变得简洁一些，如图 2–26 所示。

图 2–26　升高焦段拍摄人物

如果需要拍摄人物周围的环境，创作者就可以开启广角，拍摄广袤的空间环境，如图 2–27 所示。

图2-27　开启广角拍摄人物

④ 合理借用前景：前景是镜头中位于人物主体前面或是靠近前沿的人或物，合理借用前景可以起到遮挡的作用，比如遮挡杂乱的环境、遮挡人物的缺点，从而突出主体，渲染氛围，如图2-28所示。

图2-28　合理借用前景拍摄人物

⑤ 注意人物表情和动作：创作者在拍摄人物视频的时候，还需要注意画面中人物的表情和动作，并适当指导模特，达到相应的拍摄要求。

017　景物镜头，发挥调节感

景物镜头也称之为“空镜头”，用来介绍环境背景、交代时间和空间、抒发人物情绪、推进故事情节、表达创作者态度，具有说明、暗示、象征、隐喻等功能。可以说，在一段视频里，景物镜头起着调节作用，让视频节奏更有层次感。

在拍摄景物镜头的时候，可以拍摄环境的全景或远景，展现大的环境空间，让观众了解故事发生的地点，如图2-29所示。

图2-29　景物镜头画面

创作者还可以拍摄环境的近景或特写画面，这种景别的景物镜头，不仅可以作为重点线索镜头使用，还可以作为转场使用。总之，景物镜头在视频拍摄的过程中是不可或缺的，在时空转换和调节影片节奏上起着独特的作用。

018　开场与结束镜头，制作呼应感

视频的开场镜头和结束镜头都是非常重要的，起着奠定基调、渲染气氛的作用，下面介绍开场镜头和结束镜头的拍摄技巧，制作呼应感。

1. 开场镜头

开场镜头在视频画面中起着统领全局的作用，可以引领观众开启观看之旅。下面介绍一些开场镜头的拍摄技巧。

（1）镜头对准主角：这个拍摄手法很常见，好处是能从第一视角拉近观众和视频画面的距离，让观众有代入感，并且在交代人物之后，有利于后续故事情节的展开，如图2–30所示。

图2–30　镜头对准主角

（2）镜头对准暗示物：暗示物，是指影响情节发展的线索物，起着关键作用。暗示物可以是景物，也可以是事物，引导观众进行思考，使其对接下来的情节充满好奇心。

（3）拍摄定场镜头：定场镜头也是常见的开场镜头，可以交代故事发生的地点，一般定场镜头具有宽阔的远景，镜头感和画面感非常强，可以吸引观众的注意力，同时，定场镜头还可以交代故事发

生的时代背景，为全片定基调。

2. 结束镜头

一段视频的结尾要有点睛之笔，才能让观众回味无穷。下面为大家介绍一些结束镜头的拍摄技巧。

（1）拍摄环境：在视频结束的时候，可以使用环境镜头，拉远观众与画面的距离，传递视频快要结束了的信息，如图2-31所示。

图2-31 拍摄环境

（2）首尾呼应：在拍摄结束镜头时，利用相似的画面、对话或动作来与开场镜头首尾呼应，让观众回味无穷。

（3）拍摄黑屏画面：使用黑屏画面可以直接告诉观众视频已经结束。创作者还可以在后期调低视频画面亮度，达到黑屏的效果。

019 长镜头和分镜头，拍出主次感

长镜头和分镜头都可以单独作为一段视频使用，虽然抖音大部分的短视频都会使用长镜头的拍摄手法，但是也有很多爆款短视频是由多个分镜头组成的。下面介绍长镜头和分镜头的区别及拍摄技巧，帮助大家拍出主次感。

1. 长镜头

长镜头的拍摄手法也叫“一镜到底”，一般而言，一个镜头的时间长度达到30秒就可算作长镜头了。比如，在一些探房类视频中，常会使用长镜头的拍摄方法，引导观众观看房子的布局，拍摄过程连续不间断，画面内容一目了然，如图2-32所示。通常长镜头也会作为视频的主镜头。

图2-32 探房类长镜头画面

2. 分镜头

有些视频由很多的单一的镜头组成，这些单一的镜头就称之为分镜头。根据分镜头脚本，就可以拍摄出多个分镜头。表 2-1 所示为古风短视频脚本。

表 2-1　古风短视频脚本

镜号	运镜方式	画面内容	景别	时长
1	跟随上升	模特上阶梯，登上古建筑	远景	3s
2	升镜头	模特举伞	近景	3s
3	仰拍镜头	模特举伞看远处	中近景	3s
4	固定镜头	模特看向远处，思念归人	中景	3s

图 2-33 所示为根据脚本拍摄的分镜头画面，可以看到每个镜头画面都是不一样的场景，景别、角度都在变化。

图 2-33　根据脚本拍摄的分镜头画面

020　入画与出画，保持连贯性

入画与出画是处理镜头结构的一种手法。下面为大家进行详细介绍。

1. 入画

入画是指被摄对象从画框外进入画面的过程。一是可以通过镜头的推、拉、移、摇等运动，把被摄对象摄入画面；二是可以固定镜头，让被摄对象主动进入画框内。

图 2-34 所示为固定镜头拍摄的视频画面，可以看到人物从画框右侧慢慢进入画面。所以，在拍摄前，需要进行构图并与模特沟通走位。

图2-34 入画

2. 出画

出画是指被拍摄对象从镜头画面中走出画框的过程。在被摄对象出画之后，画面内就看不到被拍摄对象了。一种情况是在运动镜头中，通过镜头的移动，使被摄对象在画面中消失。还有一种情况是在固定镜头中，被摄对象通过自己的运动走出画框。

图2-35所示为人物从右向左走出画框的视频画面。

图2-35 出画

判断被摄对象入画和出画的依据，是一个镜头四周的画框。所以，入画和出画既包括从左向右入画或出画、从右向左入画或出画，也包括从上向下入画或出画，以及从下向上入画或出画，甚至其他任何方向的入画或出画。

拍摄入画和出画镜头，需要注意以下事项。

① 方向匹配：一般而言，不要让入画与出画的位置相同或相近。比如，当被摄对象从左侧出画时，在接下来的镜头中，被摄对象应该从右侧入画。这个规则是不针对被摄对象的，就算被摄对象不同，也需要遵守。

入画和出画的方向可以分为三类，一是水平面的左右方向，二是垂直面的上下方向，三是对角线方向。可以根据剧情和画面需要选择方向，但是前后镜头入画与出画的方向最好能够匹配成对。如果被摄对象发生了改变，可以使用相同方向的入画和出画，就好像舞台上不同演员的出场和进场一样。

② 景别相配：入画和出画镜头的景别要有所区别。如果出画的景别是中景，那么入画的景别最好是全景或远景。按照一般的观看习惯，时空转换的第一个镜头应该是一个交代镜头，这个交代镜头往往就是远景或大远景。

不过，如果采用大远景作为入画镜头，那么被摄对象应该以一种比较明显的方式入画，否则有些观众可能会看不到这个主体已经入画了。如果有特殊表达需要，可以采用相同景别的出画和入画，表现一种循环往复和缺少变化。

③ 镜头固定：在拍摄入画和出画镜头时，一般都采用固定镜头进行拍摄。因为一旦镜头开始运动，观众就会产生一种期待，期待随着镜头运动发现新的内容和信息。如果运动镜头变化得比较大，观众就有可能忽视被摄对象的出画和入画。在不同的固定镜头之间，可以插入转场镜头作为过渡。

什么时候拍摄入画和出画镜头？这需要创作者有一定的经验，并进行细致观察。为了提升这种判断能力，创作者可以在平时有意无意地训练自己，多观察环境和进行设想，还要多拍，只有多拍，才能发现问题和解决问题。

021 慢节奏镜头，增加氛围感

节奏会受到镜头的长度、场景的变换和镜头中的影像活动等因素的影响。通常情况下，镜头节奏越快，则视频的剪辑率越高、镜头越短。剪辑率是指单位时间内镜头个数的多少，由镜头的长短来决定。

慢节奏镜头也叫慢动作镜头，速度减慢可以增强情感或传达场景的绝对强度，能够使观众看到在正常速度下容易被错过的细节。

在一些型号的手机中，可以拍摄“慢动作”效果的视频画面，如图2-36所示。

图2-36 拍摄“慢动作”效果的视频画面

慢节奏镜头可以把主体的动作放慢速度，比如人物撒落树叶的动作，常规速度拍摄的话，可能两秒就结束了，使用慢动作镜头拍摄，动作时长可以放慢至4秒或5秒，观众可以更好地看清人物的动作。

在一些抒情画面中，也常用到慢动作镜头，比如，在拍摄人物回头微笑的视频画面时，放慢速度拍摄，可以渲染和放大情绪，让画面更生动。

022 快节奏镜头，加强速度感

慢动作拍摄的镜头是一种慢节奏镜头，而使用延时摄影拍摄的镜头就是一种典型的快节奏镜头，其视频画面的播放速度是比较快的。

延时摄影（Time-Lapse Photography）也称为延时技术、缩时摄影或缩时录影，是一种压缩时间的拍摄手法，它能够将大量的时间进行压缩，将几个小时、几天甚至几个月中的变化过程，通过极短的时间展现出来，如几秒或几分钟，因此镜头节奏非常快，能够给观众呈现出一种强烈与震撼的视觉效果。比如，用十几秒钟展示日落的画面，如图2–37所示。

图2–37　延时视频画面

快节奏镜头常用来表达时间的快速流逝。比如，在一段制作米酒的视频中，在制作过程和成品展示的场景镜头之间，使用天空延时镜头做转场，让画面切换得更自然些。

第3章 10种构图，呈现画面的节奏感

构图是指通过合理安排各种物体和元素，来达到主次关系分明的画面效果。在拍摄短视频时，创作者可以通过适当的构图方式，将想要表达的主题思想和创作意图形象化地展现出来，呈现画面的节奏感。如何排列画面的各个元素才能让画面富有节奏感呢？本章将介绍10种构图技巧。

023 水平线构图，呈现均衡感

水平线构图是视频拍摄中比较基础和常用的一种构图方式，一般用于表现大自然的广阔与平静，比如山川、平原和海岸，如图3-1所示。在拍摄河流、湖泊、建筑等场景时，可以展现出壮观和宏伟的气势，非常适合用在横版视频中。

图3-1 水平线构图画面

对于水平线的选择，地平线受到大多数人的青睐，设计得好，可以使画面有空间感和层次感。在安排水平线的时候，要根据画面需要进行设置。比如，场景中的天空部分很漂亮，那地平线往往会偏下，让地景画面只占小部分；如果想要表现地面的景物，地平线安置在画面中心以上比较合适，这样就可以压缩天空的比例。

在构图拍摄时，要尽量避免水平线的倾斜，如果一定要倾斜，必须有美感。比如，在进行斜线构图时，就是刻意地倾斜。

024 三分线构图，打造宽松感

什么是三分线构图法？三分线构图是指将画面从横向或纵向分为三部分。在拍摄短视频时，将对

象或焦点放在三分线的某一位置上进行构图取景，让对象更加突出，画面更加美观。图3-2所示为将主体风车放置在画面右三分线的位置，左边适当进行了留白。

图3-2 纵向水平线构图画面

除了把主体放在纵向三分线的位置，还可以使用横向三分线构图拍摄视频画面，如图3-3所示，把天空与地景的分界线放在下三分线的位置，蓝天白云的留白较多，画面更加均衡了。

在拍摄视频时，使用三分线构图，可以让画面变得宽松些，多一些留白，让观众有更多的想象空间，而且，三分线构图并不是指把画面均分为等量的三等份，多一点少一点也可以，最重要的还是画面的整体和谐感。

图3-3 横向水平线构图画面

025 三角形构图，创造几何感

三角形构图法可以利用画面中的若干景物，按照三角形的结构进行构图拍摄，或者利用主体本身的三角形结构进行构图。三角形有等腰三角形、直角三角形和锐角三角形等类型，除了构造成正三角形的结构，还有斜三角或倒三角。

在拍摄的时候，如果有三角形结构的主体，可以直接拍摄，如图3-4所示，利用大桥本身的三角形结构进行构图拍摄。三角形是最稳定的结构，所以，利用好这一构图方式，就可以让短视频画面更和谐、均衡，充满空间感，并构造出独特的几何之美。

图 3–4　利用主体本身的三角形结构进行构图

三角形构图除了主体自身的三角形结构，还有各个主体之间的摆放位置构成的三角形结构，这需要创作者在日常生活中细心观察。

026　放射线构图，显现线条感

放射线构图法主要是以主体为中心，向四周放射，在画面中，多以线条为放射形式。在拍摄的时候，可以拍摄云层或树叶间隙透出来的光线，也可以拍摄放射的灯光线条，如图 3–5 所示。

在构图的时候，需要把控发射中心的位置，向上发散或向下发散，会产生不一样的视觉效果。当然，还可以把发射中心放在三分线构图的交点上，让视频画面变得均衡一些。

图 3–5　放射线构图画面

在使用放射线构图法拍摄具体的自然光线时，需要把控好时间点，提前布局和做好准备，捕捉那短暂的片刻美景。

027　中心构图，表现辐射感

简单来说，中心构图就是把主体放置在画面中央进行拍摄，中心构图容易使画面显得呆板、平淡。那么，如何摆脱中心构图带来的平庸感呢？

创作者可以拍摄中心辐射式构图，让辐射线由辐射中心点向四周放射，这样可以拓展画面的空间感、视野感和整体感，引导视线，形成重点，突显主体，同时具有很强的视觉动态感和冲击力，给人一种开阔、舒展或收缩、汇集的视觉效果。

图3–6所示为中心辐射构图，利用广场中心点周围的圆环逐步向外扩散，给人带来次序美、韵律美和节奏美的感受。

图3–6 中心辐射构图画面

如果辐射线向中心聚集，就会给人一种收缩、压抑、神秘的感觉。

中心辐射式构图法常用于圆形对象，或具有辐射形态的主体，如房顶、建筑、轮胎、花朵、风车、树木年轮、斗笠、雨伞等物体。

028 对称构图，营造平衡感

对称构图是指画面中心有一条线把画面分为对称的两份，可以是画面上下对称，也可以是画面左右对称，或者是画面的斜向对称，这种对称画面会给人一种平衡、稳定、和谐的视觉感受。

图3–7所示为左右对称构图视频画面，以建筑中间位置为轴，画面左右对称，可以让观众感受到对称美、平衡美，产生愉悦感。

图3–7 对称构图视频画面

在拍摄对称构图的时候，要善于寻找具有对称结构或元素的场景。在拍摄人物的时候，可以利用镜子进行对称构图，让画面更有趣味。

029 斜线构图，产生透视感

斜线构图是在静止的横线上出现的，具有一种静谧的感觉，斜线的延伸感还可以加强画面的深远透视效果。同时，斜线构图的不稳定性使画面富有新意，给人以独特的视觉效果。

利用斜线构图可以使画面产生三维的空间效果，增强画面立体感，使画面充满动感与活力，且富有韵律感和节奏感。斜线构图是非常基本的构图方式，在拍摄轨道、山脉、植物、沿海风光时，就可以采用斜线构图的拍摄手法。

在拍摄视频时，从主体的侧面拍摄，就可以拍出斜线，如图 3–8 所示，斜线构图可以产生近大远小的透视感，使画面的空间感和立体感更加强烈。

图 3–8　斜线构图画面

在实际的构图拍摄中，把拍摄设备倾斜至一定的角度，就可以较快地完成斜线构图。当然，在构图的时候，对于倾斜角度的选择，要尽量使主体处于对角线上，展示其延伸感。斜线构图相较于水平线构图而言，能让画面具有新奇感和创意感。

还有一种是交叉斜线，我们在拍摄立交桥的时候经常会用到这种构图方式。图 3–9 所示为拍摄立交桥的视频画面，交叉双斜线构图，使画面更具有延伸感，同时也具有几何美感。

图 3–9　交叉斜线镜头画面

030　曲线构图，营造空间感

曲线构图是指抓住拍摄对象的特殊形态特点，在拍摄时采用特殊的拍摄角度和手法，将物体以类似曲线般的造型呈现在画面中。

曲线构图的表现手法常用于拍摄风光、道路及江河湖泊的题材。在实际的视频拍摄过程中，C 型曲线和 S 型曲线是运用得比较多的。

C形构图是一种曲线型构图手法，拍摄对象类似于C形，可以体现出被摄对象的柔美感、流畅感、流动感，常用来拍摄弯曲的河流、建筑、马路、岛屿及沿海风光等，如图3-10所示，迂回的河流形成了一个C形。

图3-10　C形曲线构图画面

S形构图是C形构图的强化版，主要用来表现富有S形曲线美的景物，如自然界中的河流、小溪、山路、小径、深夜马路上蜿蜒的路灯或车队等，有一种悠远感或延伸感。

图3-11所示为拍摄的石桥画面，弯弯曲曲的石桥呈S形，不仅具有延伸感和透视感，整体还非常夺人眼球。

图3-11　S形曲线构图画面

在拍摄人物的时候，如果人物处在曲线上，就有着重突出的效果，画面会更生动。

031　框式构图，展现层次感

框式构图又叫框架式构图、窗式构图或隧道构图。框式构图的特征是借助某个框式图形来取景，而这个框式图形，可以是规则的，也可以是不规则的，可以是方形的，也可以是圆的，甚至可以是多边形的。

图3-12所示为框式构图的视频画面示例，借助建筑房檐形成边框，将风景框在其中，不仅可以突出主体，同时还能让画面富有层次感和创意感。

图 3–12　框式构图画面

图 3–13 所示为使用围栏绿植为前景形成框架，并将人物放置在框内，不仅空间感十足，还可以更好地突出主体。

图 3–13　使用围栏绿植为前景形成框架

032　对比构图，形成参照感

对比构图的含义很简单，就是通过不同形式的对比来强化画面，产生不一样的视觉效果的构图。对比构图的意义有两点：一是通过对比产生区别，来强化主体；二是通过对比来衬托主体，起辅助作用。

想在视频拍摄中获得对比构图的效果，创作者就要找到与拍摄主体差异明显的对象来进行构图，这里的差异包含很多方面，例如在大小、远近、方向、动静和明暗等方面的差异，不同方面的差异，可以产生不同的画面效果。下面介绍大小对比、明暗对比和颜色对比这 3 种简单常用的构图方法。

❶ 大小对比构图：大小对比构图通常是指在同一画面里利用大小两种对象，以小衬大或以大衬小，让主体变得突出。图 3–14 所示为大小对比构图画面，用白车的小来衬托出环境的广阔。

图 3–14　大小对比构图画面

❷ 明暗对比构图：顾名思义，就是通过明与暗的对比来构图取景和布局画面，从影调角度让画面具有不一样的美感。明暗对比构图有3层境界：以暗衬明，通过暗部来衬托亮部；以明衬暗，通过亮部来衬托暗部；互相呼应，有暗衬明，也有明衬暗。

图3–15所示为明暗对比构图画面，逆光拍摄的地平线上空是亮的，地面位置则是暗的，以此来展示视频画面的立体感、层次感和轻重感等特色。

图3–15　明暗对比构图画面

❸ 颜色对比构图：颜色对比构图就是利用对比色来突出主体。在拍摄风光时，可以利用自然光、人造光等建立冷暖对比关系，让画面层次变得丰富。一朵粉红色的荷花处于绿色的荷叶堆里，粉色和绿色就可以形成冷暖色对比，如图3–16所示。

图3–16　颜色对比构图画面

温馨提示

在实际拍摄短视频的时候，并不是一种构图只能用于一段视频中，单个视频画面也可能包含多种构图，创作者最好根据需要选择构图方式，打造画面的节奏感。

第4章 11种运镜，打造视频的节奏感

运动镜头简称运镜，使用运镜方式拍摄视频，不仅可以打造视频的节奏感，还有助于强调环境、刻画人物和营造相应的气氛，而且对短视频的画面质感有一定提升。为了拍出稳定的画面，用户可以根据需要购买手机稳定器，进行辅助拍摄。本章将为大家介绍11种运动镜头的拍摄技巧，助你拍摄动感画面。

033 前推运镜，表现递进感

效果展示 前推运镜是指人物的位置不变，镜头从全景或别的景别，由远及近地推进，放大人物，突出人物的情绪，效果如图4-1所示。

图4-1 效果展示

视频扫码 教学视频画面如图4-2所示。

图4–2　教学视频画面

下面对拍摄的脚本和分镜头进行解说。

步骤 01 镜头在远离人物的位置，拍摄人物的背面，如图4–3所示。

图4–3　镜头拍摄人物的背面

步骤 02 镜头向人物的位置推进，人物慢慢转过身来，如图4–4所示。

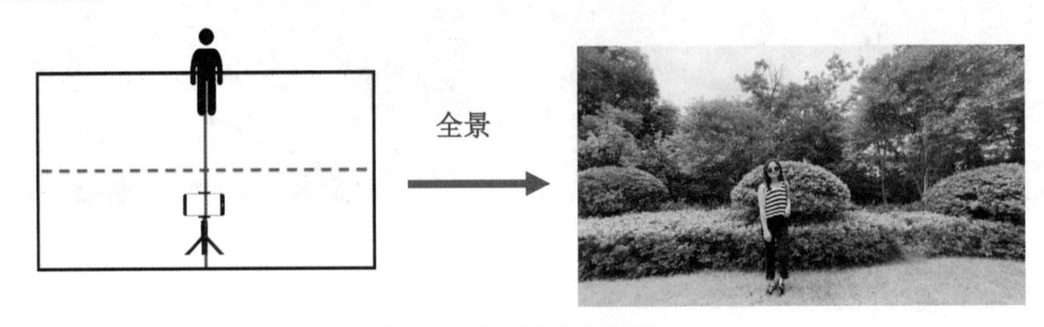

图4–4　镜头向人物的位置推进

步骤 03 镜头继续靠近人物，人物微微扭头侧对镜头，如图4–5所示。

图4-5　镜头继续靠近人物

步骤 04 镜头靠近人物，拍摄人物的正面上半身，放大人物，人物的表情一目了然，画面可以传递出人物的情绪，如图4-6所示。

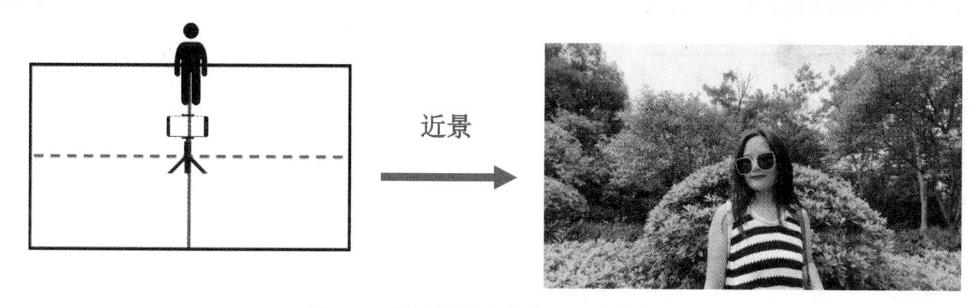

图4-6　镜头拍摄人物的正面上半身

034　后拉运镜，产生渐远感

效果展示 后拉运镜是指人物的位置不变，镜头逐渐远离人物，在远离的过程中，画面中的人物渐渐变小了，展示人物的全貌和人物周围的环境，效果如图4-7所示。

图4-7　效果展示

视频扫码 教学视频画面如图4-8所示。

图4-8　教学视频画面

下面对拍摄的脚本和分镜头进行解说。

步骤 01 人物的位置不变，镜头越过人物的肩部，在人物的前侧面，拍摄前方的风景，如图4-9所示。

图4-9　镜头拍摄前方的风景

步骤 02 镜头从人物的侧面后退，并越过人物肩部，如图4-10所示。

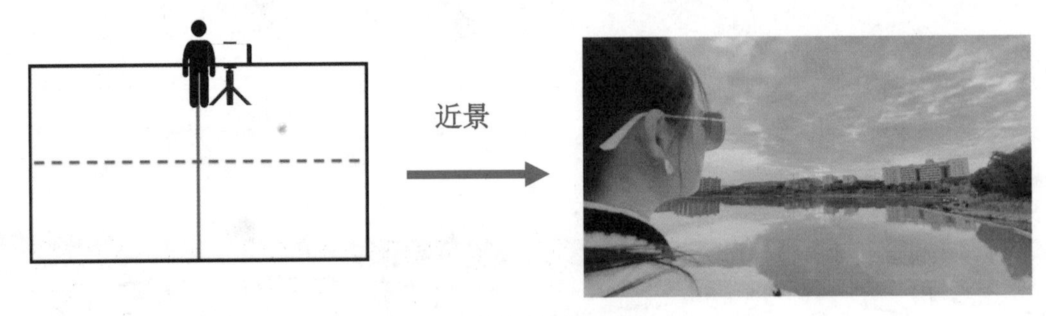

图4-10　镜头越过人物肩部

步骤 03 镜头继续后退，并使人物始终处于画面中间的位置，如图4-11所示。

图 4-11　镜头继续后退

步骤 04 镜头后退到一定的距离，直至展示人物全身及其周边的大环境，如图 4-12 所示。

图 4-12　镜头后退到一定的距离

035 横移运镜，富含流动感

效果展示 横移运镜是指镜头沿着水平面方向进行移动拍摄，横向展现空间里的人物，让画面具有流动感和节奏感，效果如图 4-13 所示。

图 4-13　效果展示

视频扫码 教学视频画面如图4-14所示。

图4-14 教学视频画面

下面对拍摄的脚本和分镜头进行解说。

步骤 01 人物在画面的右侧，还未入画，镜头拍摄前方的树木作为前景，如图4-15所示。

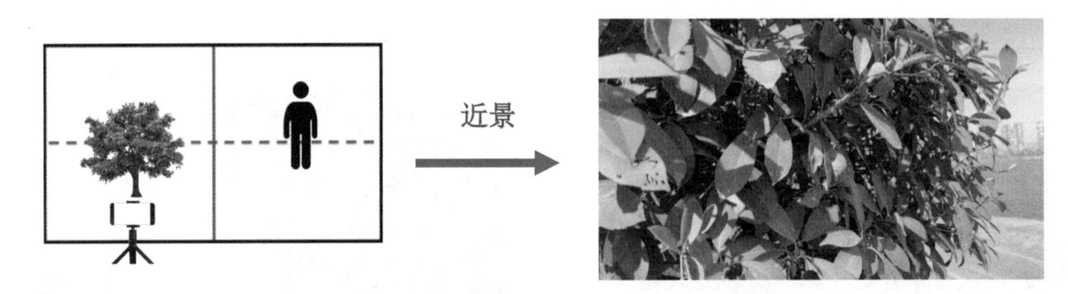

图4-15 镜头拍摄前方的树木作为前景

步骤 02 镜头从左向右移动，人物从画面右侧入画，如图4-16所示。

图4-16 镜头从左向右移动

步骤 03 镜头继续移动，画面中的人物逐渐变得清晰，如图4-17所示。

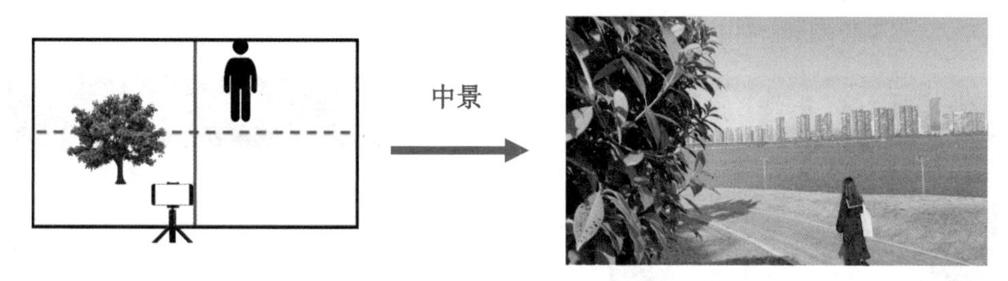

图 4–17　镜头继续移动

步骤 04 镜头继续向右移动，直到前景树木越来越少，人物逐渐走到画面的中心位置，如图 4–18 所示。

图 4–18　镜头继续向右移动

036　左摇运镜，充满方向感

效果展示 左摇运镜是指利用云台的灵活变化，手机做向左方向的运镜变化，这样可以引导观众的视线，改变方向并展现风光的全貌，效果如图 4–19 所示。

图 4–19　效果展示

视频扫码 教学视频画面如图4–20所示。

图4–20 教学视频画面

下面对拍摄的脚本和分镜头进行解说。

步骤 01 镜头拍摄右侧的湖面风光，如图4–21所示。

图4–21 镜头拍摄右侧的湖面风光

步骤 02 固定镜头的拍摄位置，向左摇动手机的云台，如图4–22所示。

图4–22 向左摇动手机的云台

步骤 03 在向左摇动云台的时候，镜头拍摄到更多的风光，如图4–23所示。

图4–23 镜头拍摄到更多的风光

步骤 04 继续向左摇动云台，直到拍摄完江边左侧的风光，如图4–24所示。在摇镜的时候，需要保持匀速运动，这样画面会更稳定。

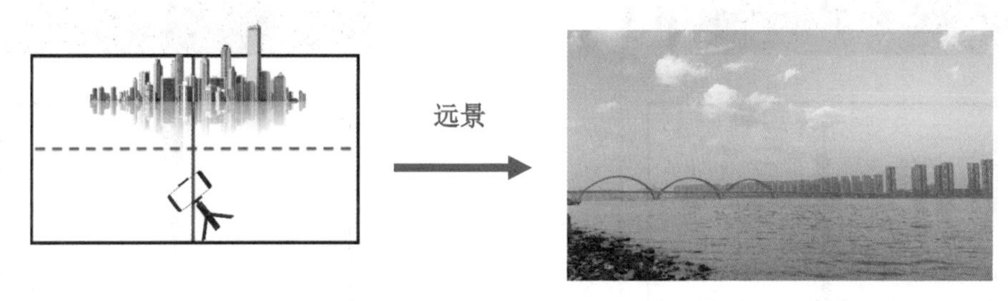

图4–24 继续向左摇动云台

037 跟随运镜，增加沉浸感

效果展示 跟随运镜包含了前跟、后跟和侧跟。本案例是低角度背面跟随，从人物的背面进行跟随拍摄，这种第一视角下的运镜方式，会让画面更有沉浸感，效果如图4–25所示。

图4–25 效果展示

视频扫码 教学视频画面如图4-26所示。

图4-26 教学视频画面

下面对拍摄的脚本和分镜头进行解说。

步骤 01 镜头从人物的背面低角度拍摄人物的全身，如图4-27所示。

图4-27 镜头低角度拍摄人物的全身

步骤 02 人物往前走，镜头进行贴地跟随移动，如图4-28所示。

图4-28 镜头进行贴地跟随移动

步骤 03 镜头在跟随移动的过程中，与人物保持一定的距离，如图4-29所示。

图4-29　镜头与人物保持一定的距离

步骤 04 镜头与人物等速运动，继续跟随拍摄一段距离，直到地面前景挡住镜头，如图4-30所示。

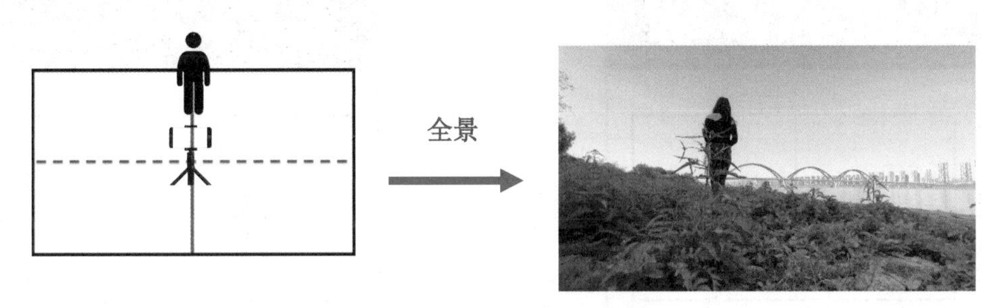

图4-30　镜头继续跟随拍摄一段距离

038 上升运镜，产生高度感

效果展示 上升运镜是指镜头从下往上移动，在移动的过程中，画面内容逐渐发生变化，并展示人、景、物的相对位置，展现高度感和气势感，效果如图4-31所示。

图4-31　效果展示

视频扫码 教学视频画面如图4–32所示。

图4–32　教学视频画面

下面对拍摄的脚本和分镜头进行解说。

步骤 01 镜头在人物的背面，透过前景低角度拍摄，如图4–33所示。

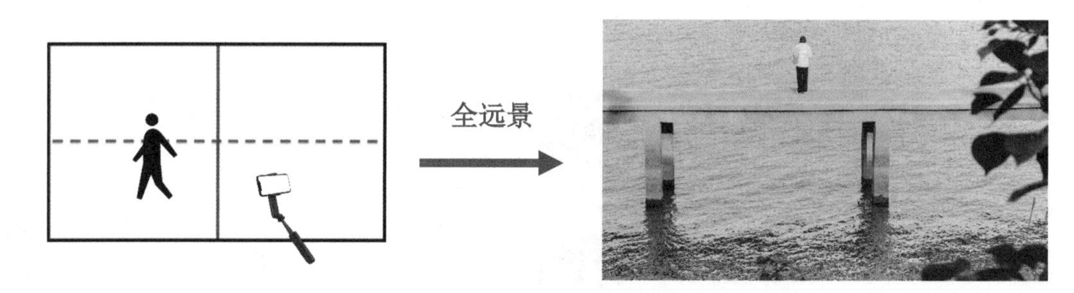

图4–33　镜头低角度拍摄人物背面

步骤 02 人物的位置保持不变，镜头慢慢升高，让人物处于画面中心，如图4–34所示。

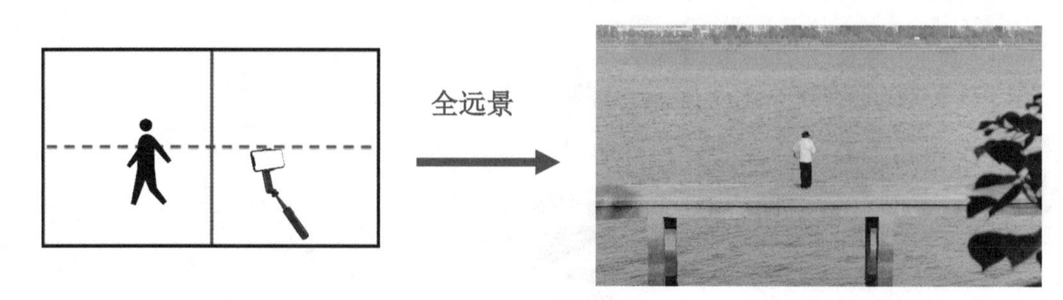

图4–34　镜头慢慢升高

步骤 03 镜头继续升高，让人物慢慢处于画面下方，如图4–35所示。

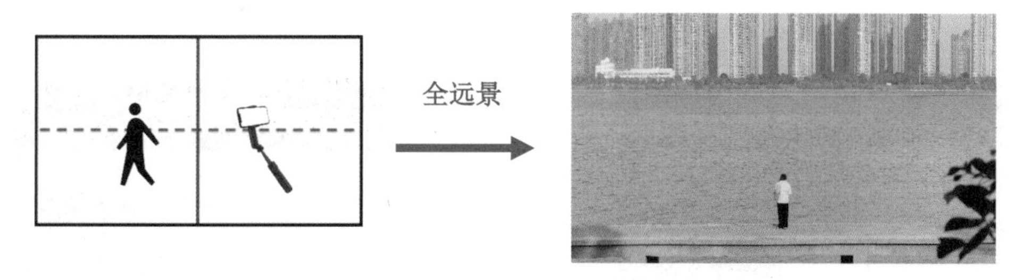

图 4–35　镜头继续升高

步骤 04 镜头上升至人物脚部处于画面最下方的位置，展示人物上方远远的建筑群，画面更有气势感，如图 4–36 所示。

图 4–36　镜头上升至人物脚部处于画面最下方的位置

039　下降运镜，打造落差感

效果展示 下降运镜是指镜头从高处慢慢下降，在下降的过程中拍摄环境或人物，能让画面情绪更有落差感、层次感，效果如图 4–37 所示。下降运镜也可以用来拍摄人物进场或退场。

图 4–37　效果展示

视频扫码 教学视频画面如图4–38所示。

图4–38 教学视频画面

下面对拍摄的脚本和分镜头进行解说。

步骤 01 镜头固定位置，在高处以芦苇为前景，拍摄人物背面上方的风景，如图4–39所示。

图4–39 镜头拍摄人物背面上方的风景

步骤 02 镜头降低高度，慢慢下降，人物逐渐前行，如图4–40所示。

图4–40 镜头降低高度

步骤 03 镜头继续下降，拍摄到人物的背面全身，如图4–41所示。

图 4-41　镜头继续下降

步骤 04 镜头下降至一定的高度，画面中的人物越行越远，前景芦苇也慢慢从画面中消失，如图 4-42 所示。

图 4-42　镜头下降至一定的高度

040 旋转运镜，制造倾斜感

效果展示 旋转运镜是指手机倾斜角度进行旋转拍摄，这样拍摄的好处是可以让画面打破常规，更有新鲜感，效果如图 4-43 所示。

图 4-43　效果展示

视频扫码 教学视频画面如图4–44所示。

图4–44 教学视频画面

下面对拍摄的脚本和分镜头进行解说。

步骤 01 镜头固定位置，向左倾斜一定的角度拍摄人物的背面，如图4–45所示。

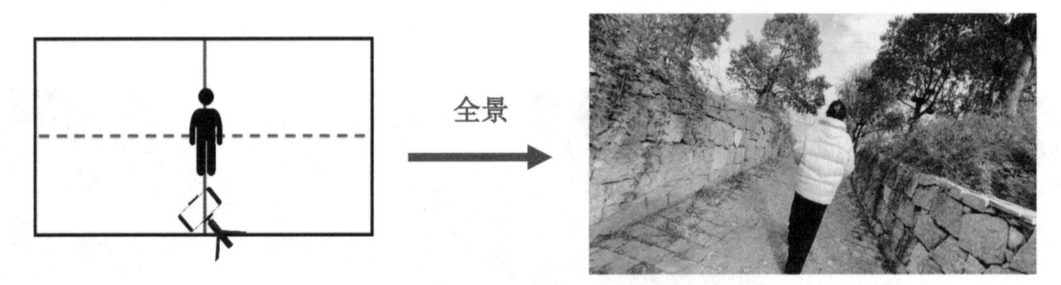

图4–45 镜头向左倾斜一定的角度拍摄人物的背面

步骤 02 在人物前行的时候，镜头逐渐向右旋转，如图4–46所示。

图4–46 镜头逐渐向右旋转

步骤 03 镜头继续向右旋转，人物继续前行，如图4–47所示。

图4–47　镜头继续向右旋转

步骤 04 人物离镜头越来越远，镜头也向右旋转到一定的角度，直至画面变得非常倾斜，如图4–48所示。

图4–48　镜头向右旋转到一定的角度

041　环绕运镜，形成张力感

效果展示 环绕运镜也叫“刷锅”，是指以人物为中心环绕点，镜头围绕人物进行环绕运镜拍摄，这种运镜手法可以很好地展示人物与环境的关系，画面会更有张力感，效果如图4–49所示。

图4–49　效果展示

视频扫码 教学视频画面如图4-50所示。

图4-50 教学视频画面

下面对拍摄的脚本和分镜头进行解说。

步骤 01 人物的位置不变，镜头在人物的侧面，拍摄人物全身，如图4-51所示。

图4-51 镜头在人物的侧面，拍摄人物全身

步骤 02 以人物为中心，镜头以固定的半径环绕人物慢慢向左移动，如图4-52所示。

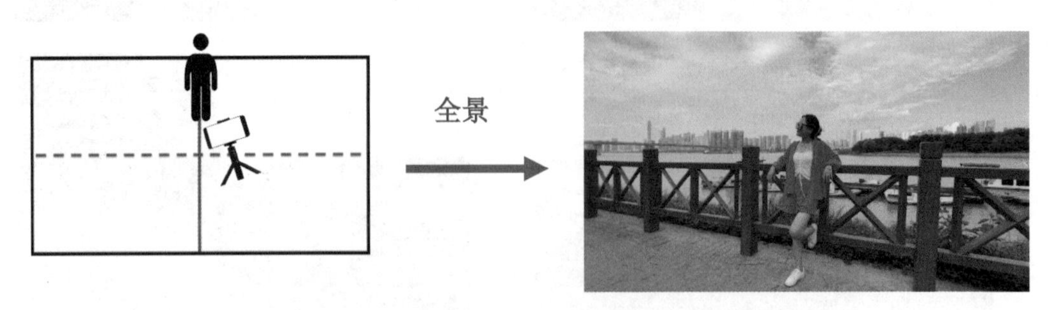

图4-52 镜头以固定的半径，环绕人物慢慢向左移动

步骤 03 镜头继续环绕，移动拍摄人物的另一边的斜侧面，如图4-53所示。

图4-53　镜头继续环绕

步骤 04 镜头逐渐环绕到人物的另一侧面，多角度地展示人物及周边的环境，如图4-54所示。

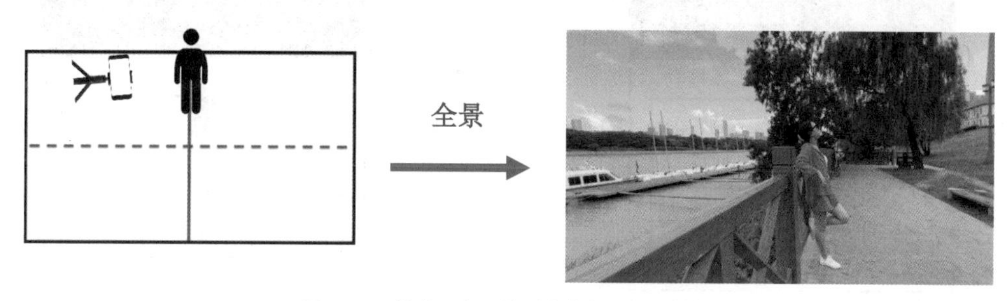

图4-54　镜头逐渐环绕到人物的另一侧面

042　盗梦空间运镜，拍出炫酷感

效果展示　盗梦空间运镜的灵感来自电影《盗梦空间》，这种运动镜头通常是用旋转镜头的方式完成，让画面失去平衡感，营造出一种疯狂或丧失方向感的气氛，让画面变得更加梦幻和炫酷，就好像在梦境中一般。在实际拍摄的时候，主要是把跟随运镜和旋转运镜结合在一起，效果如图4-55所示。

图4-55　效果展示

视频扫码 教学视频画面如图4–56所示。

图4–56 教学视频画面

下面对拍摄的脚本和分镜头进行解说。

步骤 01 人物向前行走，镜头在人物的背面，向左倾斜一定的角度拍摄人物，如图4–57所示。

图4–57 镜头向左倾斜一定的角度拍摄人物的背面

步骤 02 人物继续前进，镜头慢慢跟随人物并向左旋转，如图4–58所示。

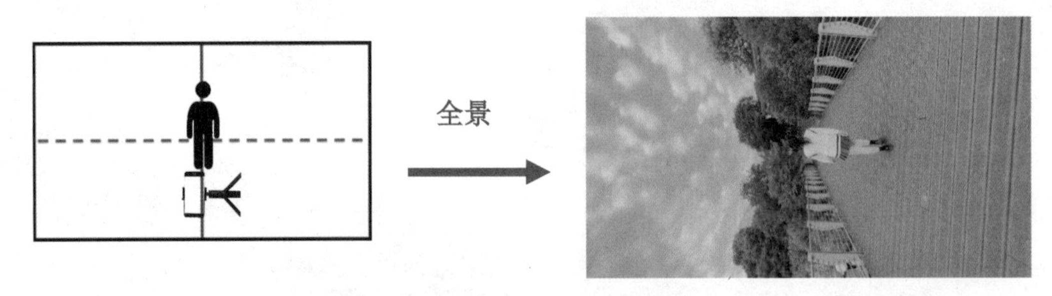

图4–58 镜头慢慢跟随人物并向左旋转

步骤 03 镜头继续放慢速度跟随人物，并向右旋转至一定的角度，如图4–59所示。

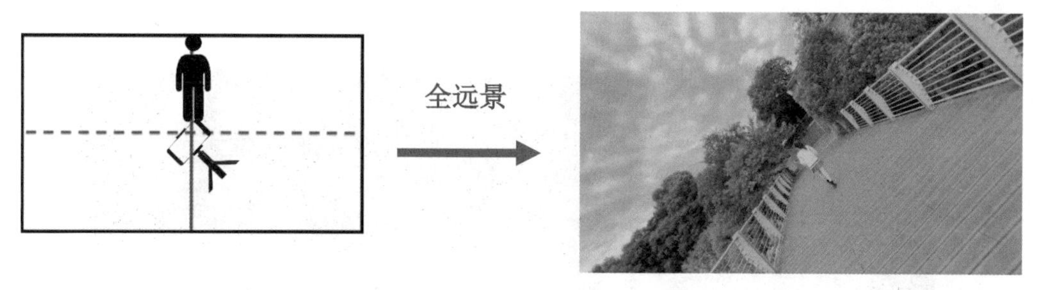

图 4-59　镜头向右旋转至一定的角度

步骤 04 镜头继续向右旋转一定的角度拍摄人物，这时人物慢慢转过身来，画面更加酷炫，如图 4-60 所示。

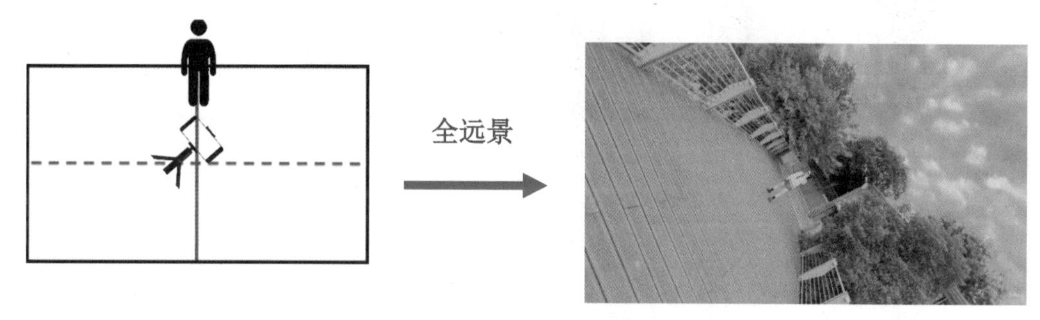

图 4-60　镜头继续向右旋转一定的角度拍摄人物

043 希区柯克运镜，带来压缩感

效果展示 希区柯克运镜，早期来自导演希区柯克的电影，是指主体的大小不变，背景进行变焦，从而营造出一种空间压缩感。本次拍摄需要稳定器，稳定器型号为 DJI OM 4 SE，启动稳定器，在“动态变焦”模式中的“背景靠近”效果选项下，镜头渐渐远离人物进行拍摄，效果如图 4-61 所示。

图 4-61　效果展示

视频扫码 教学视频画面如图4–62所示。

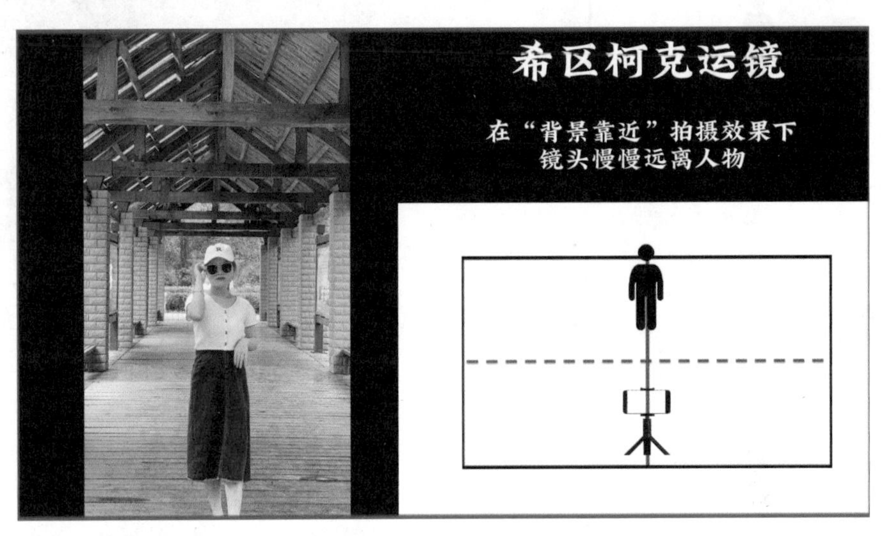

图4–62 教学视频画面

下面对拍摄的脚本和分镜头进行解说。

步骤 01 在DJI Mimo软件中的拍摄模式下，❶切换至“动态变焦”模式；❷默认选择“背景靠近”拍摄效果，并点击“完成”按钮，如图4–63所示。

步骤 02 ❶框选人像；❷点击“拍摄”按钮，如图4–64所示，在拍摄时，人物位置不变，镜头后退并慢慢远离人物。

步骤 03 再次点击“拍摄”按钮，拍摄完成后，弹出合成提示界面，如图4–65所示。

步骤 04 合成完成后，即可在相册中查看制作好的视频，如图4–66所示。

图4–63 点击“完成”按钮

图4–64 点击“拍摄”按钮

图4–65 弹出合成提示界面

图4–66 在相册中查看制作好的视频

剪辑篇

第 5 章 7个技巧，掌握剪辑的节奏感

在当今的社交媒体时代，短视频已经成为一种流行的表达方式。剪辑是短视频制作中最重要的环节之一，通过剪辑，可以将视频素材有机组合，形成连贯流畅的节奏，只有将短视频剪辑得恰到好处，才能使其有起有落，起承转合，从而更有节奏感和吸引力。本章将介绍相应的技巧，帮助大家掌握节奏感剪辑的技巧。

044 调整镜头长度，把握适配感

镜头的长度并非视频节奏的判断标准，在一些一镜到底的长镜头中仍然会有变化丰富的快慢节奏，因此，我们主要依靠叙事把控视频节奏的变化。在剪辑短视频的时候，要根据视频的需要进行剪辑，弄清楚视频是以长镜头为主，还是以短镜头为主，或者根据情节需要插入长镜头或短镜头。

效果展示 对于一段音乐节奏比较慢的视频，在剪辑镜头的时候，需要根据音乐节奏调整镜头的长度，让音乐与画面相适配，效果展示如图5-1所示。下面以剪映App为主要剪辑软件，介绍操作技巧。

图5-1 效果展示

本效果的操作方法如下。

步骤 01 在手机中打开应用商店App，❶在搜索栏中输入并搜索“剪映”；❷在搜索结果中点击剪映右侧的“安装”按钮，如图5-2所示。

步骤 02 下载安装成功之后，在界面中点击“打开”按钮，如图5-3所示。

步骤 03 打开剪映App，❶选中“已阅读并同意剪映用户协议和剪映隐私政策”复选框；❷点击“抖音登录”按钮，如图5-4所示，快速登录。

图 5-2　点击“安装”按钮

图 5-3　点击“打开”按钮

图 5-4　点击“抖音登录”按钮

步骤 04　进入“剪辑”界面，点击“开始创作”按钮，如图 5-5 所示。

步骤 05　❶在“视频”选项卡中选择视频素材；❷选中“高清”复选框；❸点击“添加”按钮，如图 5-6 所示，添加视频。

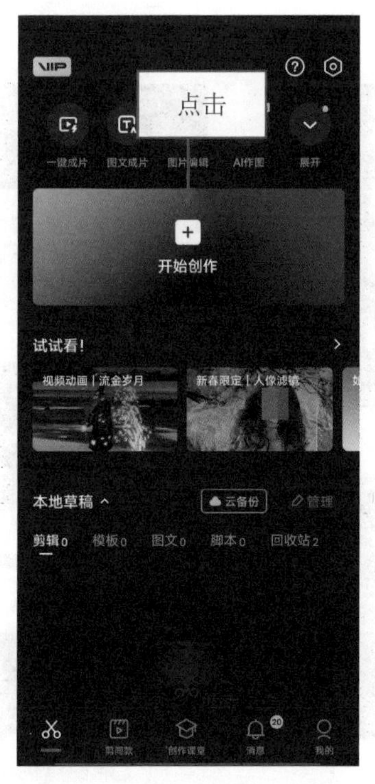

图 5-5　点击“开始创作”按钮

图 5-6　点击“添加”按钮

步骤 06　在一级工具栏中点击“音频”按钮，如图 5-7 所示。

步骤 07　在弹出的二级工具栏中点击“音乐”按钮，如图 5-8 所示。

图5-7 点击“音频”按钮

图5-8 点击“音乐”按钮

步骤 08 进入“音乐”界面，点击搜索栏，如图5-9所示。

步骤 09 ❶输入并搜索歌曲名称；❷点击所选音乐右侧的“使用”按钮，如图5-10所示。

步骤 10 添加与视频风格匹配的音乐，❶点击播放按钮▷，播放音乐；❷根据音乐节奏在视频6s左右的位置点击“分割”按钮，如图5-11所示，分割音频素材。

图5-9 点击搜索栏

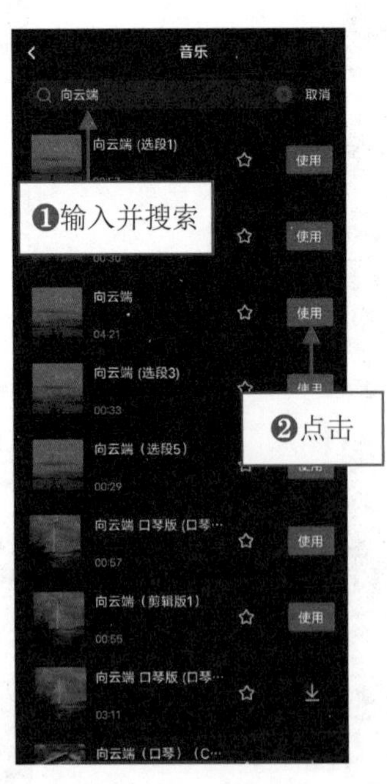

图5-10 点击“使用”按钮

图5-11 点击“分割”按钮（1）

步骤 11 ❶选择视频素材；❷在与上一步骤同样的位置点击“分割”按钮，如图5-12所示，分割视频素材。

步骤 12 点击“删除”按钮，如图5-13所示，删除多余的视频素材。

步骤 13 ❶选择分割后的音频素材；❷点击“删除”按钮，如图 5-14 所示，删除多余的音频素材，调整视频和音频的长度。

图 5-12　点击“分割”按钮（2）

图 5-13　点击“删除”按钮（1）

图 5-14　点击“删除”按钮（2）

步骤 14 在一级工具栏中点击“文字”按钮，如图 5-15 所示。

步骤 15 ❶在弹出的二级工具栏中点击“智能包装”按钮；❷在弹出的面板中点击“开始匹配”按钮，如图 5-16 所示。

步骤 16 稍等片刻，自动添加字幕，点击“编辑”按钮，❶更改文字内容；❷调整文字的位置；❸点击“导出”按钮，如图 5-17 所示，导出视频。

图 5-15　点击“文字”按钮

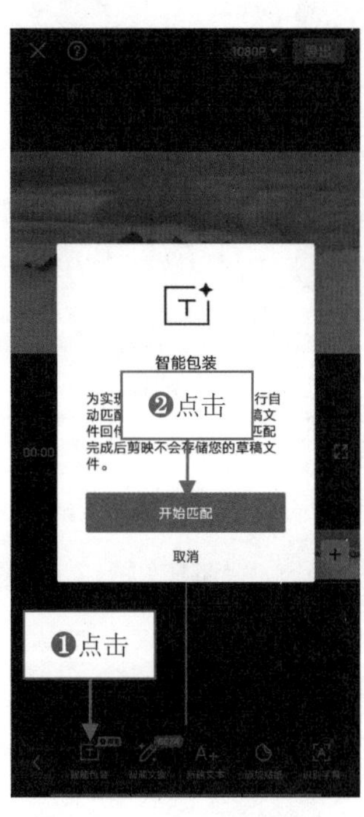

图 5-16　点击“开始匹配”按钮

图 5-17　点击“导出”按钮

温馨提示

在为视频添加背景音乐的时候，还需要注意音乐的版权，最好根据视频风格添加适配的音乐。创作者如果在平时听到了好听的音乐，可以进行分类收藏，这样下次使用就会很方便。

045 进行镜头组合，打造起伏感

镜头有运动镜头和静止镜头的区别，在组合镜头的时候，如何打造起伏感？这需要掌握一定的技巧。

比如，可以根据视频整体的节奏感，把静镜头与静镜头、静镜头与动镜头、动镜头与动镜头进行组接。在组接静镜头的时候，要注意速度的起伏，最好匹配速度节奏相同的镜头；在组接动镜头的时候，可以利用推镜头接拉镜头、左摇组接右摇，运动方向相反可以产生跳跃感，还可以适当加入起幅或落幅画面。

效果展示 本案例主要把前推和后拉镜头进行组接，制作无缝转场的视频画面，效果展示如图5–18所示。

图5–18 效果展示

本效果的操作方法如下。

步骤 01 进入“剪辑”界面，点击“开始创作”按钮，❶在“视频”选项卡中依次选择前推和后拉运镜视频素材；❷选中“高清”复选框；❸点击“添加”按钮，如图5–19所示，在添加视频的时候就组接好镜头。

步骤 02 在一级工具栏中点击“音频”按钮，如图5–20所示。

步骤 03 在弹出的二级工具栏中点击“提取音乐”按钮，如图5–21所示。

图 5–19　点击“添加”按钮

图 5–20　点击“音频”按钮

图 5–21　点击“提取音乐”按钮

步骤 04 ❶在“照片视频”界面中选择背景音乐视频素材；❷点击“仅导入视频的声音”按钮，如图 5–22 所示，添加音频素材。

步骤 05 向左拖曳音频素材右侧的白色边框，使其对齐视频素材的末尾位置，如图 5–23 所示。

图 5–22　点击“仅导入视频的声音”按钮

图 5–23　向左拖曳音频素材右侧的白色边框

温馨提示

在组接视频的时候，选择剪辑点是很重要的。剪辑点主要是两个镜头之间的转换点，准确掌握镜头的剪辑点可以保证镜头切换流畅。

剪辑点可分为画面剪接点和声音剪接点两大类，像动作剪接点、情绪剪接点、节奏剪接点就属于画面剪接点；声音剪接点则包括对白、音乐、音响效果等剪接点。

选择动作剪辑点，是为了让主休动作之间更加流畅，选择合适的动作剪辑点，不仅可以让叙事更加清晰，还能让镜头外部动作变得连贯，动作的连贯性可以增加镜头间的流畅感。因此，剪辑点的选择是视频剪辑中比较重要和基础的工作。

046 先粗剪再精剪，提升质量感

粗剪的目的是整理剪辑思路和素材，因为一段十几秒的短视频可能是从几十条或上百条素材中，挑选出来剪辑制作的，所以在粗剪的过程中，可以一边挑选素材，一边厘清故事的结构框架。

粗剪过后就是精剪，在精剪的过程中，也可以增加或删除素材。精剪包括组接镜头、添加音乐、调色处理、添加文字、制作特效等步骤，有些步骤可以省略。精剪之后的视频画面才能流畅又精美，视频质量也会更高。

效果展示 在粗剪之前，可以先选定背景音乐，并根据背景音乐的节奏在素材库中选择合适的素材，再在剪辑软件中进行剪辑，效果展示如图5-24所示。

图5-24 效果展示

本效果的操作方法如下。

步骤 01 进入“剪辑”界面，点击“开始创作”按钮，❶在“视频”选项卡中选择4段人物视频素材；❷选中“高清”复选框；❸点击“添加”按钮，如图5-25所示，添加视频。

步骤 02 长按所选的素材并拖曳至第1段素材的位置，如图5-26所示，调整素材的轨道位置，给素材排序。

步骤 03 选择第1段素材并向右拖曳左侧的白色边框，如图5-27所示，设置其时长为3.0s，剪切掉前半部分不需要的动作画面，留下想要的片段。

图5–25　点击“添加”按钮

图5–26　拖曳至相应的位置

图5–27　拖曳白色边框（1）

步骤 04　选择第2段素材并向右拖曳左侧的白色边框，如图5–28所示，设置其时长为2.8s，剪切掉前半部分不需要的动作画面，留下想要的片段。

步骤 05　选择第3段素材并向右拖曳左侧的白色边框，如图5–29所示，设置其时长为3.0s，剪切掉前半部分不需要的动作画面，留下想要的片段。

步骤 06　❶拖曳时间轴至视频的起始位置；❷点击“音频”按钮，如图5–30所示。

图5–28　拖曳白色边框（2）

图5–29　拖曳白色边框（3）

图5–30　点击“音频”按钮

步骤 07　在弹出的二级工具栏中点击“提取音乐”按钮，如图5–31所示。

步骤 08　❶选择背景音乐视频素材；❷点击“仅导入视频的声音”按钮，如图5–32所示。

步骤 09 向左拖曳音频素材右侧的白色边框，使其对齐视频的末尾位置，如图5-33所示。

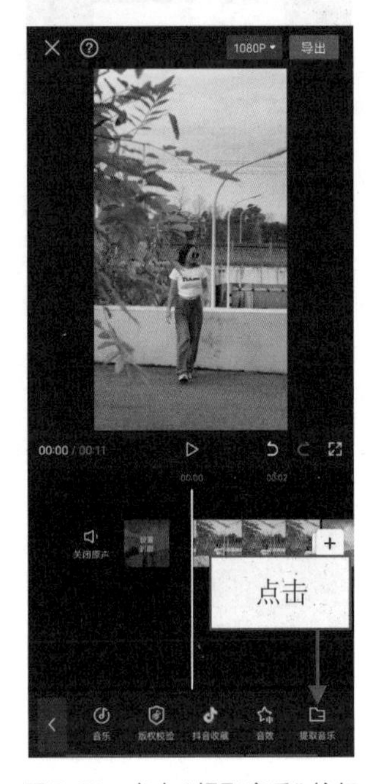

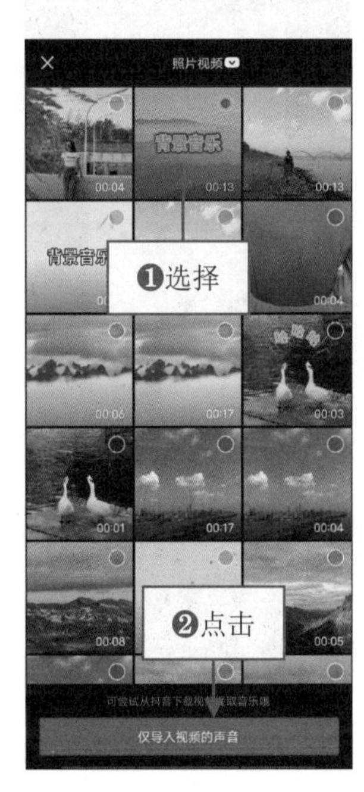

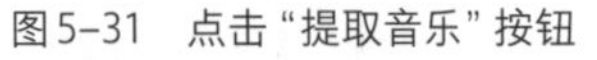
图5-31 点击“提取音乐”按钮

图5-32 点击“仅导入视频的声音”按钮

图5-33 拖曳白色边框（4）

步骤 10 ❶拖曳时间轴至视频的起始位置；❷点击“滤镜”按钮，如图5-34所示。

步骤 11 ❶切换至“人像”选项卡；❷选择“冰肌”滤镜，如图5-35所示，添加滤镜。

步骤 12 点击☑按钮，调整“冰肌”滤镜的时长，使其对齐视频的时长，如图5-36所示。

图5-34 点击“滤镜”按钮

图5-35 选择“冰肌”滤镜

图5-36 调整“冰肌”滤镜的时长

步骤 13 ❶选择第1段素材；❷点击“美颜美体”按钮，如图5-37所示。

步骤 14 在弹出的二级工具栏中点击“美体”按钮，如图5-38所示。

步骤 15 ❶选择“美白”选项；❷设置参数为100；❸点击“全局应用”按钮，对人物皮肤进行美白处理，如图 5–39 所示。

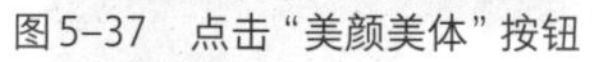
图 5–37　点击“美颜美体”按钮

图 5–38　点击“美体”按钮

图 5–39　点击“全局应用”按钮

步骤 16　点击✓按钮，❶拖曳时间轴至视频的起始位置；❷点击“特效”按钮，如图 5–40 所示。

步骤 17　在弹出的二级工具栏中点击“画面特效”按钮，如图 5–41 所示。

步骤 18　❶切换至“动感”选项卡；❷选择“心跳”特效；❸点击✓按钮，如图 5–42 所示。

图 5–40　点击“特效”按钮

图 5–41　点击“画面特效”按钮（1）

图 5–42　点击相应按钮（1）

步骤 19　❶调整“心跳”特效的时长，使其对齐第 1 段素材的时长；❷在第 2 段素材的起始位置点击“画面特效”按钮，如图 5–43 所示。

步骤 20 ❶在“动感”选项卡中选择“灵魂出窍”特效；❷点击✓按钮，如图5-44所示。

步骤 21 ❶调整“灵魂出窍”特效的时长，使其对齐第2段素材的时长；❷为剩下的两段视频素材依次添加“幻影Ⅱ”和“心跳”动感特效，让画面变得酷炫一些，如图5-45所示。

图5-43 点击“画面特效”按钮（2）

图5-44 点击相应按钮（2）

图5-45 添加相应的特效

步骤 22 点击第2段素材与第3段素材之间的转场按钮|，如图5-46所示。

步骤 23 弹出“转场”面板，❶切换至“光效”选项卡；❷选择“泛光”转场；❸点击✓按钮，如图5-47所示，让视频过渡更自然。

图5-46 点击转场按钮

图5-47 点击相应按钮（3）

047 顺叙剪辑，具有条理感

在剪辑短视频的时候，需要了解“蒙太奇”这个概念。“蒙太奇”是一种拼接的剪辑手法，是指将不同的镜头进行组合，从而形成新的视频，产生新的内容。

顺叙剪辑是“蒙太奇剪辑”中比较基础的一种，可以让画面更有条理感，也比较符合人们观察生活的逻辑。顺叙剪辑可以分为以下 3 种：一是完全按时间顺序记叙；二是以地点的转换为顺序来剪辑情节；三是以事情发展的顺序来剪辑情节。

效果展示　下面以探房视频为例，为大家介绍顺叙剪辑的技巧，以时间、空间顺序为主剪辑视频，效果展示如图 5-48 所示。

图 5-48　效果展示

本效果的操作方法如下。

步骤 01　进入“剪辑”界面，点击“开始创作”按钮，如图 5-49 所示。

步骤 02　❶在“视频”选项卡中选择 3 段探房视频素材；❷选中“高清”复选框；❸点击“添加”按钮，如图 5-50 所示，添加视频。

步骤 03　为了按照时间顺序剪辑视频，需要调整素材的轨道位置，长按白天的室内素材并拖曳至第1段素材的位置，如图5-51所示。

图5-49 点击“开始创作”按钮

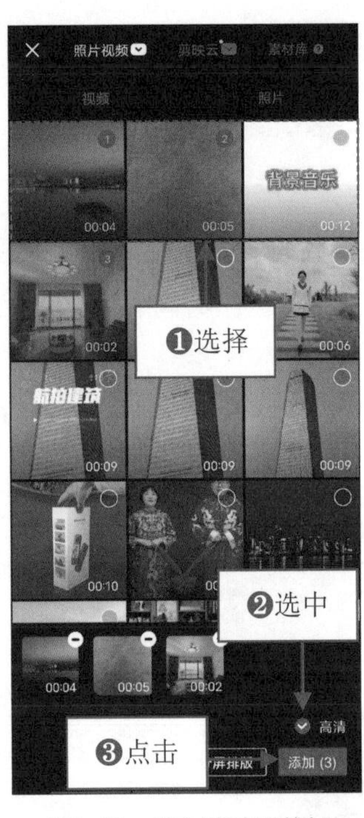

图5-50 点击“添加”按钮

图5-51 拖曳至相应的位置（1）

步骤 04 同理，为了让白天的素材紧接着下午的素材，长按下午的素材并拖曳至第2段素材的位置，如图5-52所示。

步骤 05 为了让白天与夜晚之间的素材过渡得更加自然，点击第2段素材与第3段素材之间的转场按钮[I]，如图5-53所示。

图5-52 拖曳至相应的位置（2）

图5-53 点击转场按钮

步骤 06 弹出“转场”面板，❶切换至“光效”选项卡；❷选择“汇聚”转场；❸点击✓按钮，如图 5-54 所示。

步骤 07 拖曳时间轴至视频的起始位置，在一级工具栏中依次点击“音频”和“提取音乐”按钮，为视频添加背景音乐，如图 5-55 所示。

图 5-54　点击相应按钮

图 5-55　为视频添加背景音乐

048　倒叙剪辑，产生悬念感

倒叙剪辑主要是把后面发生的事情放在前面展示，后面再按照正常顺序进行叙事。倒叙也不是单单指倒放，而是在开头位置把结局或最精彩、突出的片段展示出来，这样可以起到吸睛的作用，而这部分内容在整体画面中只是一个局部，剩下的才是主体，主体部分仍然可以是顺叙的剪辑手法。

在短视频剪辑中，创作者可以把整个视频里最吸睛的片段放在视频前几秒的位置，引起观众的兴趣，并留下悬念。这种剪辑方式在美食探店、美妆教学类的视频中比较常见。

效果展示　本次剪辑的是一段星空延时短视频，把精彩的画面放在开头，后面的主体再按照顺叙的剪辑方式剪辑，这样可以在视频的开头有效地吸引观众的注意力，效果展示如图 5-56 所示。

本效果的操作方法如下。

步骤 01 进入“剪辑”界面，点击“开始创作”按钮，❶在“视频”选项卡中依次选择两段星空视频素材；❷选中“高清”复选框；❸点击“添加”按钮，如图 5-57 所示，添加视频。

图5-56 效果展示

步骤 02 ❶选择第1段视频素材；❷在视频5s左右的位置点击“分割”按钮，如图5-58所示，分割视频素材。

步骤 03 ❶拖曳时间轴至视频7s左右的位置；❷点击“分割”按钮，如图5-59所示，把精彩片段分割出来。

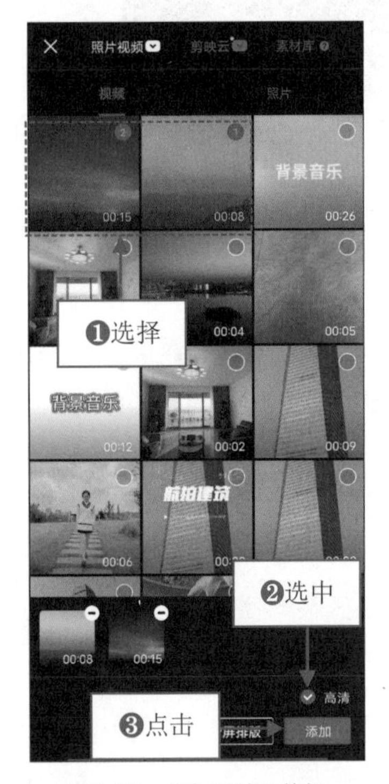

图5-57 点击“添加”按钮

图5-58 点击“分割”按钮（1）

图5-59 点击“分割”按钮（2）

步骤 04 ❶选择分割出来的素材；❷点击“复制”按钮，如图5-60所示，复制素材。

步骤 05 长按复制后的素材并拖曳至第1段素材的位置，如图5-61所示，把精彩片段移至视频的开头位置，进行倒叙剪辑。

步骤 06 为了让开头片段更吸睛，可以添加特效和文字，在一级工具栏中点击“特效”按钮，如图 5-62 所示。

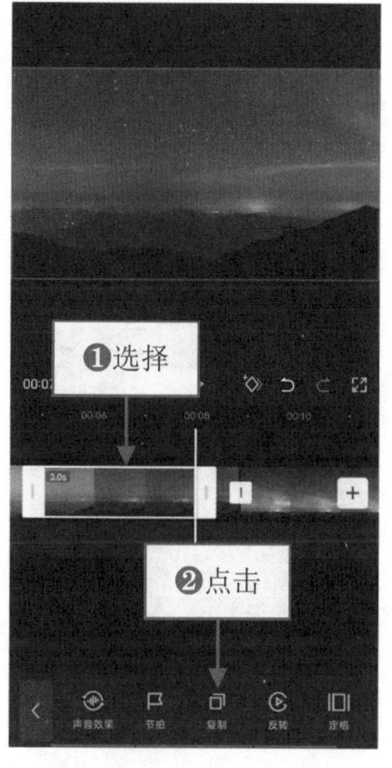

图 5-60　点击“复制”按钮

图 5-61　拖曳至相应的位置

图 5-62　点击“特效”按钮

步骤 07 在弹出的二级工具栏中点击“画面特效”按钮，如图 5-63 所示。

步骤 08 ❶切换至 Bling 选项卡；❷选择“星河Ⅱ”特效；❸点击✓按钮，如图 5-64 所示，添加特效。

步骤 09 在一级工具栏中点击“文字”按钮，如图 5-65 所示。

图 5-63　点击“画面特效”按钮

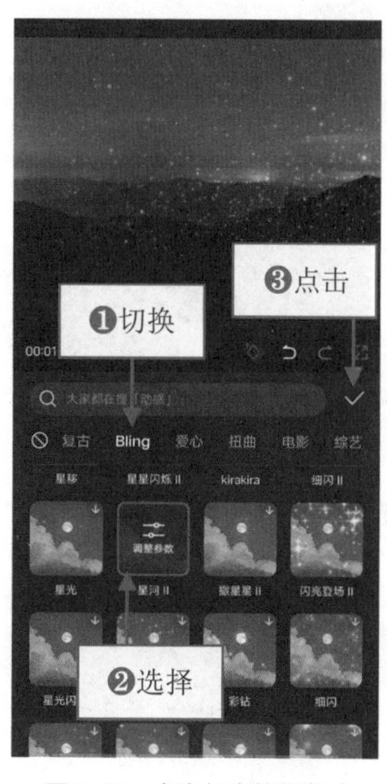

图 5-64　点击相应按钮（1）

图 5-65　点击“文字”按钮

步骤 10 在弹出的二级工具栏中点击“文字模板”按钮，如图 5-66 所示。

步骤 11 ❶切换至“旅行”选项卡；❷选择相应的文字模板；❸更改文字内容；❹点击按钮，

如图5-67所示。

步骤 12 ❶继续更改文字；❷点击⇅按钮，如图5-68所示。

图5-66 点击“文字模板”按钮

图5-67 点击相应按钮（2）

图5-68 点击相应按钮（3）

步骤 13 更改所有的文字内容，❶调整文字的大小和位置；❷点击✓按钮，如图5-69所示。

步骤 14 为了让视频过渡得更自然，点击两段星空素材之间的转场按钮▯，如图5-70所示。

步骤 15 弹出“转场”面板，❶切换至“叠化”选项卡；❷选择“闪黑”转场；❸点击✓按钮，如图5-71所示。

图5-69 点击相应按钮（4）

图5-70 点击转场按钮

图5-71 点击相应按钮（5）

步骤 16 为了给整段视频添加背景音乐，❶拖曳时间轴至视频起始位置；❷在一级工具栏中点击“音频”按钮，如图5-72所示。

步骤 17 点击“提取音乐”按钮，添加背景音乐，并调整视频的时长，使其对齐音频素材的末尾位置，如图 5-73 所示。

图 5-72　点击“音频”按钮

图 5-73　调整视频的时长

049　平行剪辑，形成对比感

平行剪辑是指两条以上的故事情节线并行表现，分别叙述，最后统一在一个完整的情节结构中，或两个以上的故事相互穿插表现，从而展现一个情节或揭示一个统一的主题。它的表现形式可以采用依次分叙的方式，也可以采用交替分叙的方式。

比如，在电影《无间道》中，分别为警察和黑社会出身的两个主角就是平行剪辑，并在平行剪辑中进行对比，展现两个人物各自的命运。

效果展示　平行剪辑适合用在汇总视频里，创作者可以根据地名或视频类型进行编排，这样子的多线叙事，不仅可以让画面形成对比，还能相互衬托，突出视频的主题，让画面气势更磅礴，效果展示如图 5-74 所示。

图 5-74　效果展示

图5-74　效果展示（续）

本效果的操作方法如下。

步骤 01 进入“剪辑”界面，点击“开始创作”按钮，❶在“视频”选项卡中依次选择3段不同地点的风光视频素材；❷选中“高清”复选框；❸点击“添加”按钮，如图5-75所示，添加视频。

步骤 02 点击第1段视频素材与第2段视频素材之间的转场按钮[|]，如图5-76所示。

步骤 03 弹出“转场”面板，❶切换至“运镜”选项卡；❷选择“推近”转场；❸点击“全局应用”按钮；❹点击✓按钮，如图5-77所示，为所有的片段之间添加同样的转场。

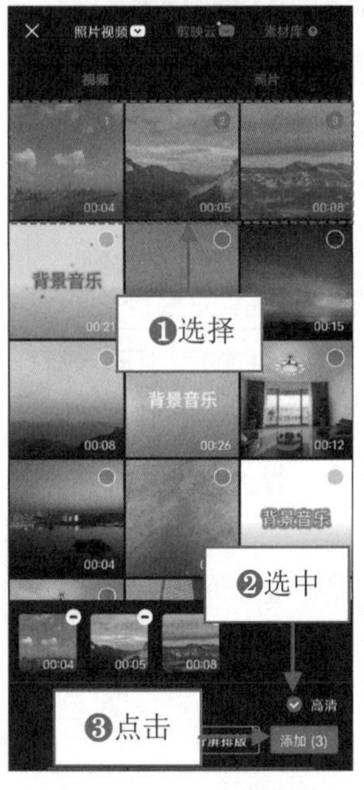

图5-75　点击“添加”按钮

图5-76　点击转场按钮

图5-77　点击相应按钮（1）

步骤 04 ❶拖曳时间轴至视频的起始位置；❷在一级工具栏中点击“文字”按钮，如图5-78所示。

步骤 05 在弹出的二级工具栏中点击“文字模板”按钮，如图5-79所示。

步骤 06 ❶切换至“时间地点”选项卡；❷选择相应的文字模板；❸更改文字内容；❹调整文字的大小和位置；❺点击✓按钮，如图5-80所示，添加地点文字。

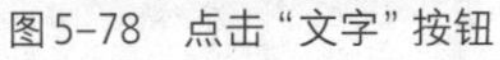
图 5–78　点击“文字”按钮

图 5–79　点击“文字模板”按钮

图 5–80　点击相应按钮（2）

步骤 07 ❶调整地点文字的轨道位置，使其末尾位置对齐第 1 段素材的末尾位置；❷点击“复制”按钮，如图 5–81 所示，复制文字。

步骤 08 ❶调整复制后的文字的轨道位置，使其末尾位置对齐第 2 段素材的末尾位置；❷点击“编辑”按钮，如图 5–82 所示。

步骤 09 ❶更改文字内容；❷调整文字的位置；❸点击☑按钮，如图 5–83 所示，为第 2 段素材添加地点文字。

图 5–81　点击“复制”按钮

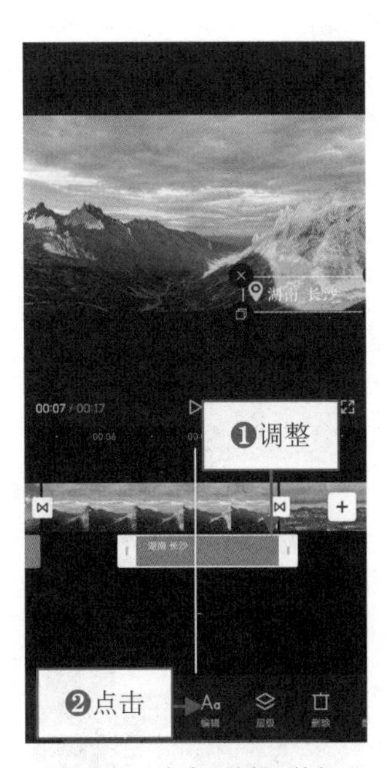

图 5–82　点击“编辑”按钮

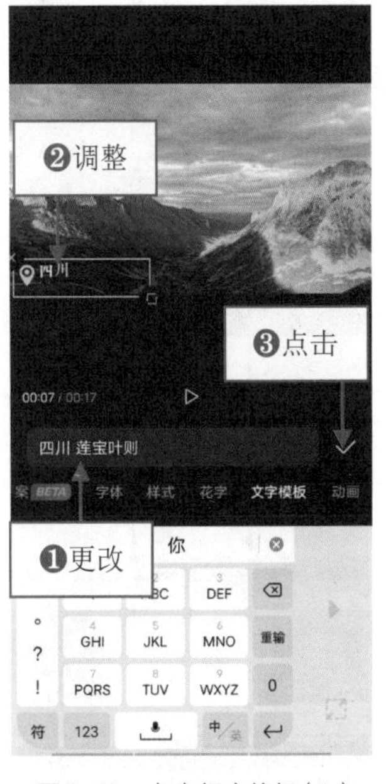

图 5–83　点击相应按钮（3）

步骤 10 同理，用与上面同样的方法，为第 3 段素材添加地点文字，如图 5–84 所示。

步骤 11 ❶拖曳时间轴至视频的起始位置；❷点击“音频”按钮，如图 5–85 所示。

步骤 12 在弹出的二级工具栏中点击“提取音乐”按钮，如图5-86所示。

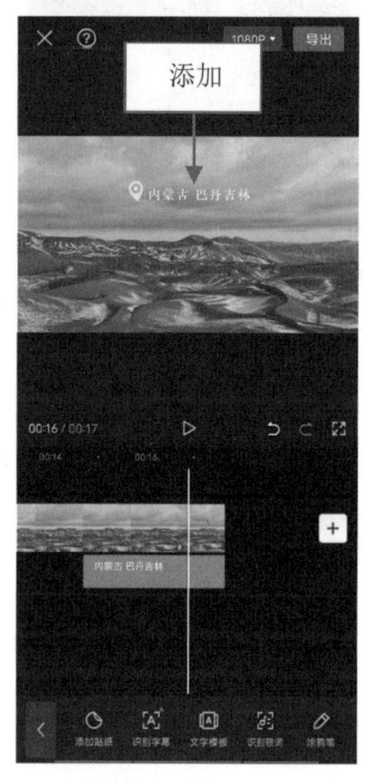

图5-84 为第3段素材添加地点文字

图5-85 点击“音频”按钮

图5-86 点击“提取音乐”按钮

步骤 13 ❶在“照片视频”界面中选择背景音乐视频素材；❷点击“仅导入视频的声音”按钮，如图5-87所示，添加音频素材。

步骤 14 ❶选择音频素材；❷在视频的末尾位置点击“分割”按钮，如图5-88所示。

步骤 15 分割音频素材，再点击“删除”按钮，如图5-89所示，删除不需要的音频素材。

图5-87 点击“仅导入视频的声音”按钮

图5-88 点击“分割”按钮

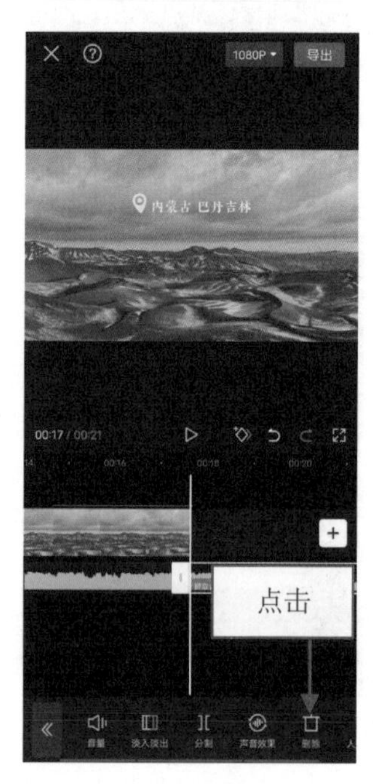

图5-89 点击“删除”按钮

050　重复剪辑，增强喜剧感

重复剪辑中的重复可以是单纯的动作重复，从而制造“鬼畜”效果，也可以是复杂的剧情循环，比如电影《恐怖游轮》里迷宫般的场景和剧情就是重复剪辑。

重复剪辑可以利用观众的记忆，通过不断出现的内容，让观众的情绪得以加强，一旦有了新的更充实的内容，重复就会产生新的意义，或者得到升华。

效果展示　在一些搞笑的短视频剪辑中，把搞笑的部分重复剪辑，可以增强喜剧效果，渲染幽默的氛围，效果展示如图 5–90 所示。

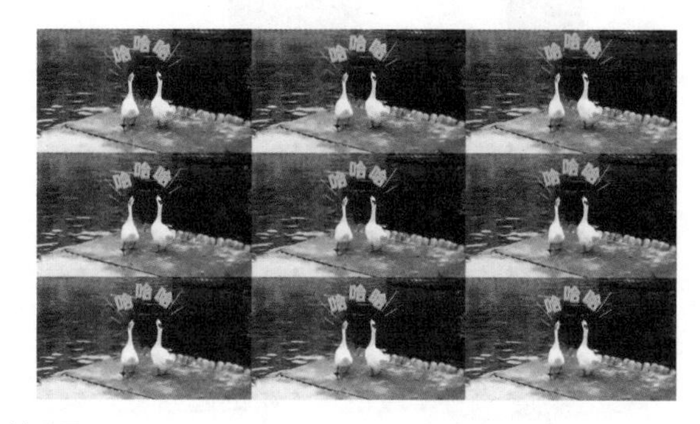

图 5–90　效果展示

本效果的操作方法如下。

步骤 01 在剪映 App 中导入一段视频素材，❶选择视频素材；❷点击“复制”按钮，如图 5–91 所示，复制素材，进行重复剪辑。

步骤 02 在视频的起始位置点击“贴纸”按钮，如图 5–92 所示。

步骤 03 ❶在搜索栏中输入并搜索“鹅叫”；❷在搜索结果中选择相应的贴纸；❸调整贴纸的大小和位置；❹点击“取消”按钮，如图 5–93 所示，添加贴纸，增加视频的趣味性。

步骤 04 ❶调整贴纸的时长，使其末尾位置对齐视频的末尾位置；❷在第 2 段视频素材的起始位置点击“分割”按钮，如图 5–94 所示，分割贴纸素材。

图 5–91　点击“复制”按钮（1）

图 5–92　点击“贴纸”按钮

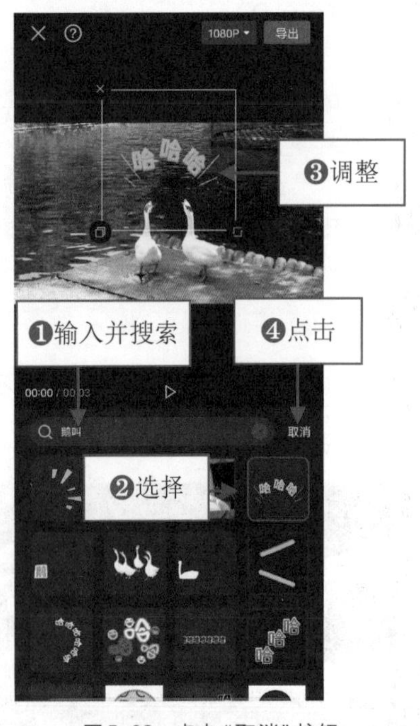

图5-93　点击“取消”按钮

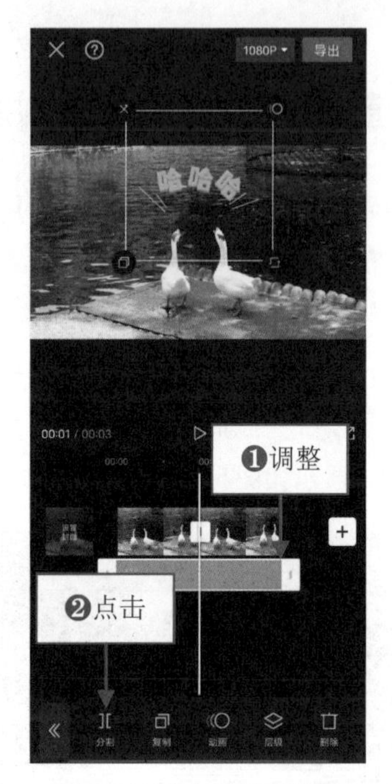

图5-94　点击“分割”按钮

步骤 05 在第2段视频素材的起始位置点击“特效”按钮，如图5-95所示。

步骤 06 在弹出的二级工具栏中点击“画面特效”按钮，如图5-96所示。

步骤 07 ❶切换至“分屏”选项卡；❷选择“九屏”特效；❸点击☑按钮，如图5-97所示，制作重复的画面，进行重复剪辑。

图5-95　点击“特效”按钮

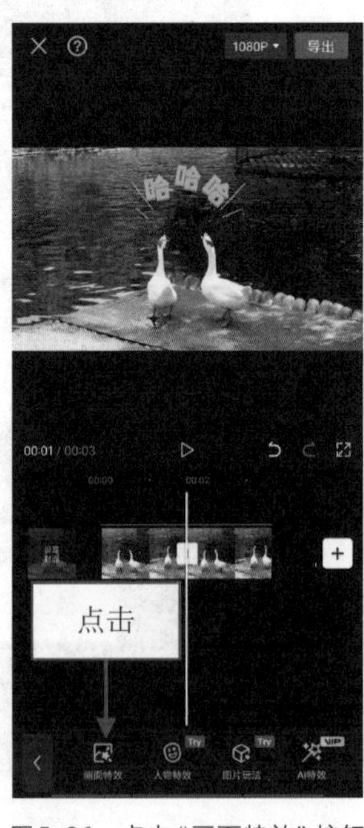

图5-96　点击“画面特效”按钮

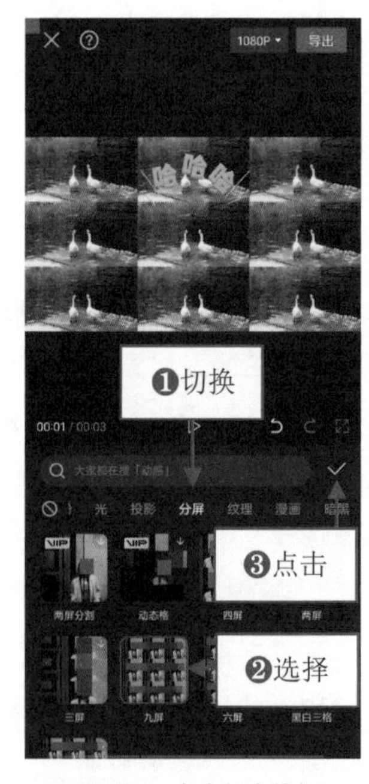

图5-97　点击相应按钮

步骤 08 点击“贴纸”按钮，❶选择第2段贴纸素材；❷调整贴纸的大小和位置；❸点击“复制”按钮，如图5-98所示，复制贴纸。

步骤 09 调整复制后贴纸的位置，并为剩下的分屏画面都添加贴纸，如图 5–99 所示。

步骤 10 在视频的起始位置点击“音频”按钮，如图 5–100 所示。

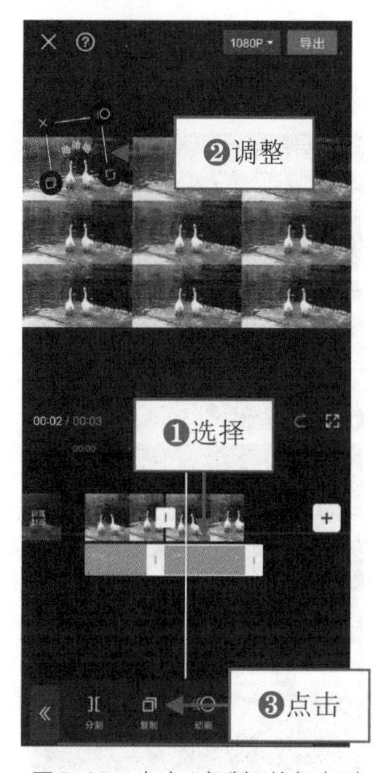

图 5–98　点击“复制”按钮（2）

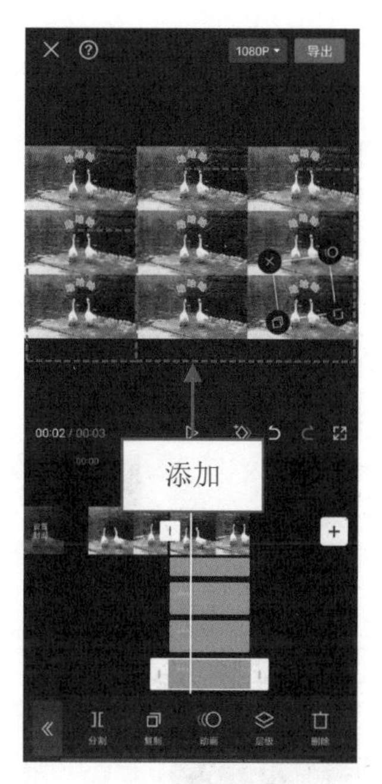

图 5–99　为剩下的分屏画面都添加贴纸

图 5–100　点击“音频”按钮

步骤 11 在弹出的二级工具栏中点击“音效”按钮，如图 5–101 所示。

步骤 12 ❶在搜索栏中输入并搜索“鹅叫”；❷点击所选音效右侧的“使用”按钮，如图 5–102 所示，添加音效。

步骤 13 选择音效素材并点击“复制”按钮，如图 5–103 所示，复制音效素材。

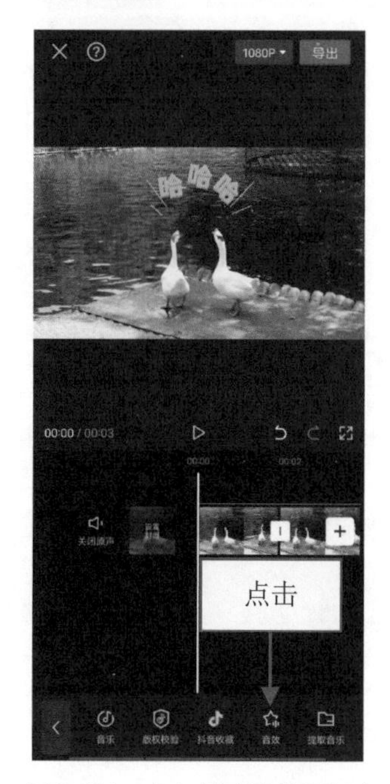

图 5–101　点击“音效”按钮（1）

图 5–102　点击“使用”按钮（1）

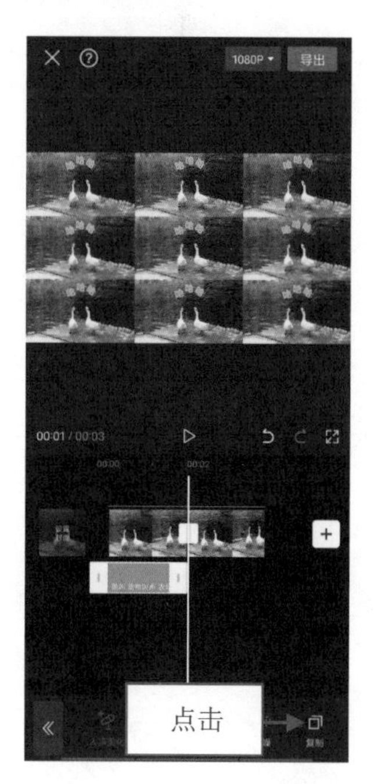

图 5–103　点击“复制”按钮（3）

步骤 14 ❶调整复制后音效的轨道位置；❷点击“音效”按钮，如图5-104所示。

步骤 15 ❶在搜索栏中输入并搜索“综艺疑问氛围音效”；❷点击所选音效右侧的“使用”按钮，如图5-105所示，继续添加音效。

步骤 16 调整音效的轨道位置，如图5-106所示，添加搞笑音效可以增强画面的喜剧效果。

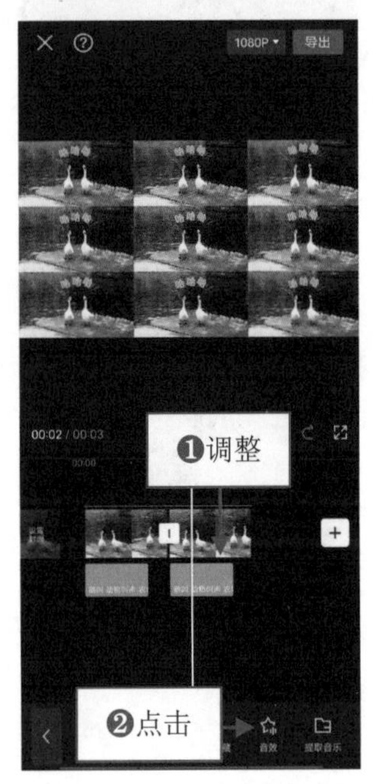

图5-104　点击“音效”按钮(2)

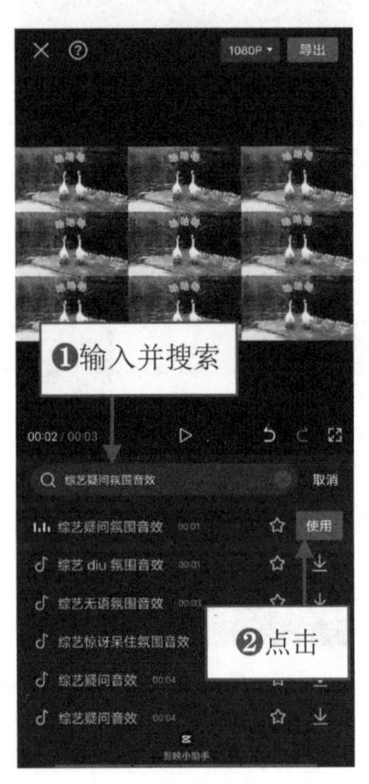

图5-105　点击“使用”按钮(2)

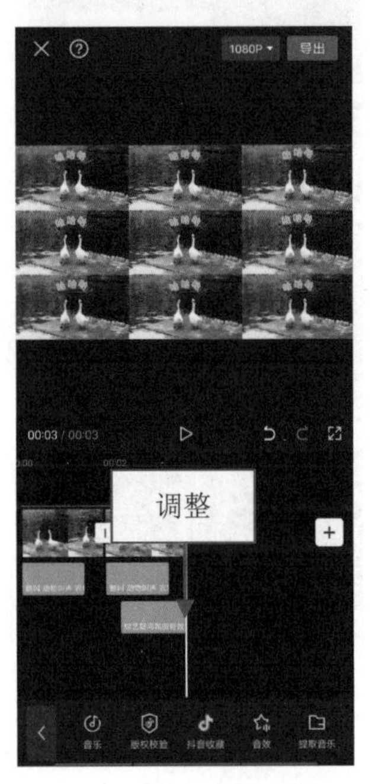

图5-106　调整音效的轨道位置

第6章 6个技巧，掌握速度的节奏感

速度是影响短视频节奏的重要因素，制作不同风格的视频时，根据音乐节奏的快慢，视频的切换速度也应该有相应的变化，这样画面和声音就会和谐统一，更有节奏感。画面的速度，除了“快”或“慢”，还可以“快慢快”“慢快慢”……这种有节奏起伏的画面会让观众更入迷。本章将介绍相关的速度调整技巧。

051 快节奏画面，打造快速感

在拍摄篇中，我们学习了如何拍摄延时视频，延时视频除了需要拍摄一定数量的照片，还需要后期进行加速合成，制作成几秒或几十秒的视频。这种快节奏画面，可以快速展现主体的变化，因为时间得到了压缩，所以能呈现出平时用肉眼无法察觉的奇异景象。

效果展示 快节奏画面适合用在城市风光、自然风景、天文现象、城市生活、建筑制造、生物演变等题材的短视频中。下面以制作车流快节奏短视频为例，介绍操作方法，效果展示如图6–1所示。

图6–1 效果展示

本效果的操作方法如下。

步骤 01 在剪映App中导入一段时长为50s的视频素材，❶选择视频素材；❷点击“变速”按钮，如图6–2所示。

步骤 02 在弹出的二级工具栏中点击“常规变速”按钮，如图6–3所示。

步骤 03 弹出“变速”面板，❶向右拖曳圆环，设置“变速”参数为10.0x，加快视频的播放速度，使其时长变为5.0s；❷点击✓按钮，如图6–4所示。

图6-2　点击“变速”按钮

图6-3　点击“常规变速”按钮

图6-4　点击相应按钮

步骤 04 在视频的起始位置点击“音频”按钮，如图6-5所示。

步骤 05 在弹出的二级工具栏中点击“提取音乐”按钮，如图6-6所示。

步骤 06 ❶在“照片视频”界面中选择背景音乐视频素材；❷点击“仅导入视频的声音”按钮，如图6-7所示。

图6-5　点击“音频”按钮

图6-6　点击“提取音乐”按钮

图6-7　点击“仅导入视频的声音”按钮

步骤 07 向左拖曳音频素材右侧的白色边框，调整音频素材的时长，使其对齐视频素材的时长，如图 6-8 所示。

图 6-8　调整音频的时长

052 慢节奏画面，制造慢速感

不同于常规速度的画面，慢节奏画面可以很好地表现出动作的细节和美感，同时能够放大观看者的情绪，有着提升意境、抒发情感的作用。在表现快速运动、水花飞溅等细节特写时，慢节奏画面是比较常见的。

创作者拍摄出高帧率的视频画面，后期制作的慢节奏画面才能更加清晰和流畅。

效果展示 在剪映中制作慢节奏画面的时候，使用系统中的“智能补帧”功能，可以让画面更加流畅。下面以制作瀑布流水淙淙的慢节奏视频为例，介绍操作方法，效果展示如图 6-9 所示。

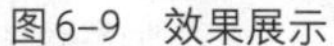

图 6-9　效果展示

本效果的操作方法如下。

步骤 01 在剪映 App 中导入一段瀑布视频素材，❶选择视频素材；❷拖曳时间轴至视频 4s 左右的位置；❸点击“分割”按钮，如图 6-10 所示，分割视频素材。

步骤 02 ❶选择分割后的第 1 段视频素材；❷点击“删除”按钮，如图 6-11 所示，删除不需要的视频素材。

步骤 03 ❶选择视频素材；❷点击“变速”按钮，如图 6-12 所示。

图6-10 点击“分割”按钮

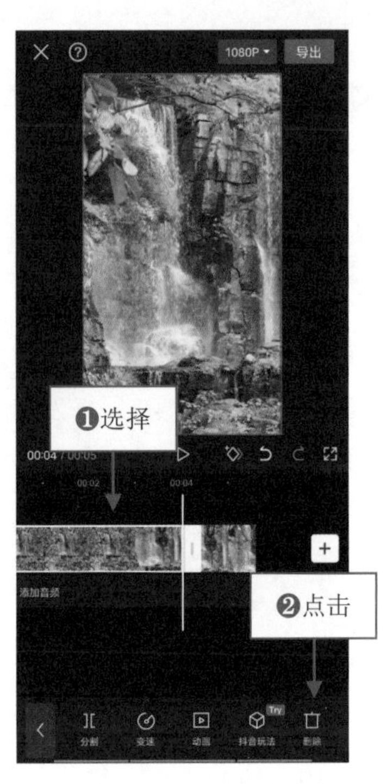

图6-11 点击“删除”按钮（1）

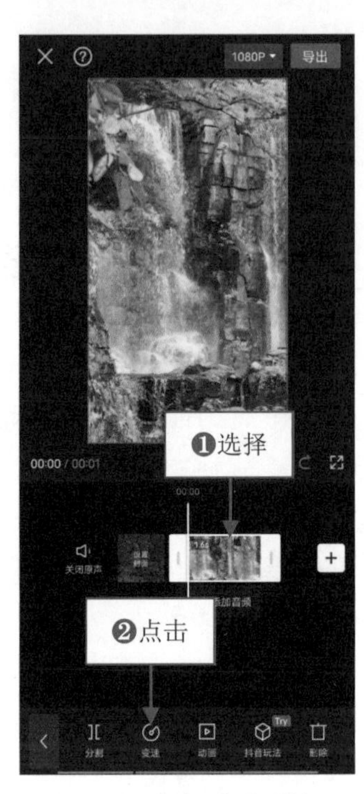

图6-12 点击“变速”按钮

步骤 04 在弹出的二级工具栏中点击“常规变速”按钮，如图6-13所示。

步骤 05 弹出“变速”面板，❶向左拖曳圆环，设置“变速”参数为0.2x，减慢视频的播放速度；❷选中“智能补帧”复选框；❸点击✓按钮，如图6-14所示。

步骤 06 稍等片刻，弹出“生成顺滑慢动作成功”提示，如图6-15所示，即可生成一段慢速播放的视频。

图6-13 点击“常规变速”按钮

图6-14 点击相应按钮

图6-15 弹出相应的提示

步骤 07 在视频的起始位置点击“滤镜”按钮，如图6–16所示。

步骤 08 ❶切换至“户外”选项卡；❷选择“倾森”滤镜，如图6–17所示，为视频调色。

步骤 09 点击☑按钮，在一级工具栏中点击“音频”按钮，如图6–18所示。

图6–16　点击“滤镜”按钮

图6–17　选择“倾森”滤镜

图6–18　点击“音频”按钮

步骤 10 在弹出的二级工具栏中点击“音乐”按钮，如图6–19所示。

步骤 11 ❶在搜索栏中输入并搜索“古筝”；❷点击所选音乐右侧的“使用”按钮，如图6–20所示。

步骤 12 ❶选择音频素材；❷在视频的末尾位置依次点击“分割”和“删除”按钮，如图6–21所示，删除不需要的音频素材，添加背景音乐让慢节奏画面更有意境感。

图6–19　点击“音乐”按钮

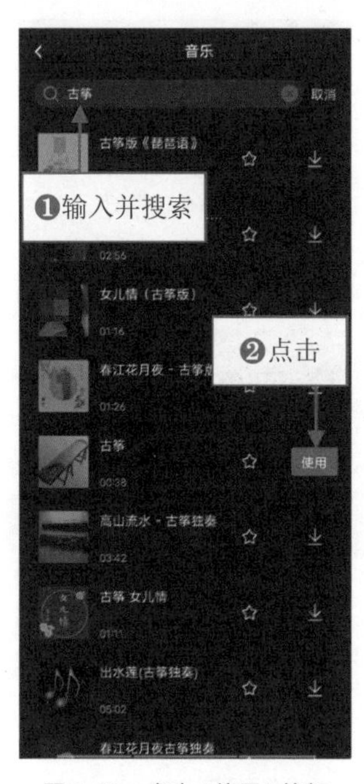

图6–20　点击“使用”按钮

图6–21　点击“删除”按钮(2)

053 由慢转快，产生突进感

突进感是指一种冲击感，比如汽车行进过程中，驾驶员突然踩油门，这时候速度会加快，给人一种猝不及防的感觉。在剪辑由慢转快的画面时，选择合适的视频音乐非常重要，最好选择节奏忽然加快的音乐。

效果展示 在调整视频的速度时，根据画面需要，可以适当加快速度，当无人机和汽车的速度突然加快时，画面更有冲击感，效果展示如图6-22所示。

图6-22 效果展示

本效果的操作方法如下。

步骤 01 在剪映App中导入一段视频素材，❶选择视频素材；❷点击"变速"按钮，如图6-23所示。

步骤 02 在弹出的二级工具栏中点击"曲线变速"按钮，如图6-24所示。

步骤 03 弹出"曲线变速"面板，❶选择"闪出"选项；❷点击"点击编辑"按钮，如图6-25所示。

图6-23 点击"变速"按钮

图6-24 点击"曲线变速"按钮

图6-25 点击"点击编辑"按钮

步骤 04 ❶向上拖曳第4个变速点，增加播放速度；❷点击✓按钮，如图6–26所示。

步骤 05 回到一级工具栏，在视频起始位置点击“音频”按钮，如图6–27所示。

步骤 06 点击“提取音乐”按钮，添加背景音乐，并调整音频的时长，如图6–28所示。

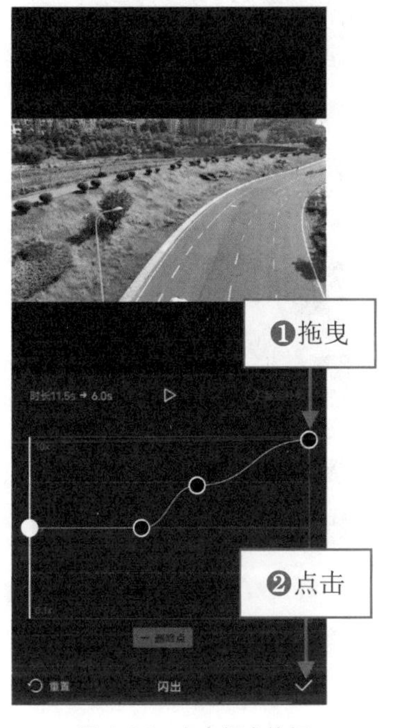

图6–26　点击相应按钮

图6–27　点击“音频”按钮

图6–28　调整音频的时长

054 由快转慢，形成渐慢感

形成渐慢感需要画面速度慢慢下降，这时候节奏也变慢了，会让观众逐渐沉浸在画面里。在起始位置加快速度，会让观众集中注意力，后续再放慢速度，观众就会有代入感，达到视觉与听觉的统一。

效果展示　下面以航拍的渐远运镜视频为例，为大家介绍由快转慢的短视频制作技巧，让画面意境更加深远，效果展示如图6–29所示。

图6–29　效果展示

本效果的操作方法如下。

步骤 01 导入一段视频素材，❶选择视频素材；❷点击“变速”按钮，如图6–30所示。

步骤 02 在弹出的二级工具栏中点击“曲线变速”按钮，如图6-31所示。

步骤 03 ❶选择“闪进”选项；❷点击“点击编辑”按钮，如图6-32所示。

图6-30 点击“变速”按钮

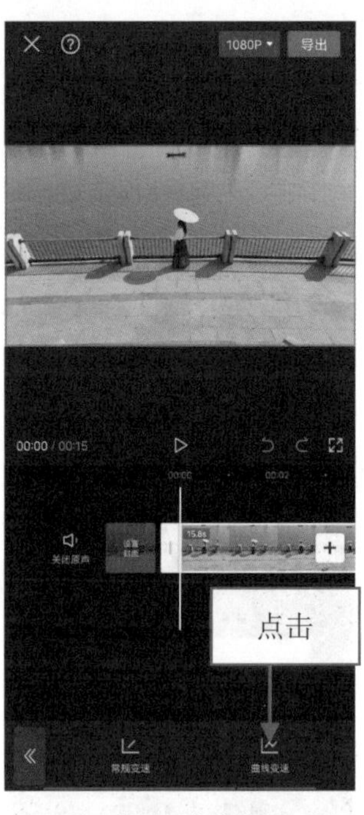

图6-31 点击“曲线变速”按钮

图6-32 点击“点击编辑”按钮

步骤 04 ❶向上拖曳第1个变速点，加快播放速度；❷点击✓按钮，如图6-33所示。

步骤 05 回到一级工具栏，在视频起始位置点击“音频”按钮，如图6-34所示。

步骤 06 点击“提取音乐”按钮，添加背景音乐，并调整音频的时长，如图6-35所示。

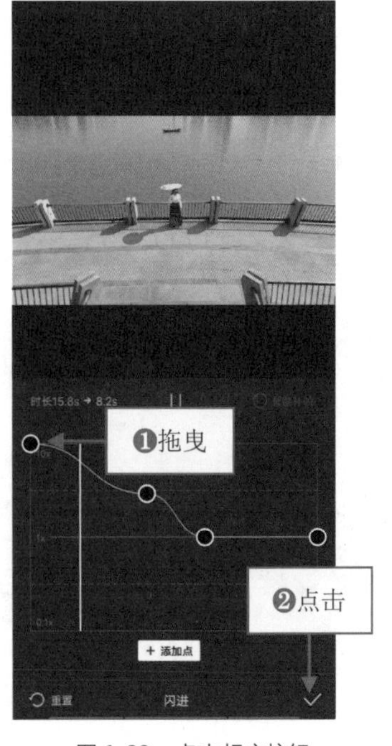

图6-33 点击相应按钮

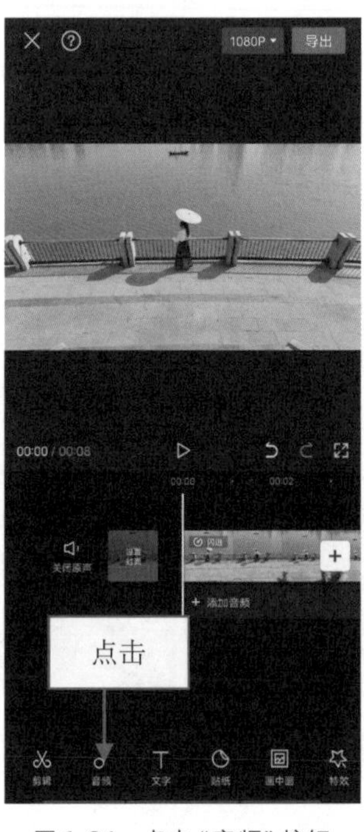

图6-34 点击“音频”按钮

图6-35 调整音频的时长

055 快—慢—快，营造跳接感

当速度过快时，观众通常会眼花缭乱，因为看不清画面的内容；当速度过慢时，画面就会比较清晰。因此，展现重点最好的方式就是制作快—慢—快的节奏，让关键因素在慢速画面中展现，而快速画面可以起到吸睛的作用。

效果展示　使用环绕运镜的方式拍摄，可以多角度地展示主体，让观众观察得更全面和仔细。当镜头环绕到主体的背面时，可以放慢视频速度；而当镜头环绕到主体的侧面时，就可以加快速度，制作快—慢—快的节奏，画面具有跳接感，效果展示如图 6–36 所示。

图 6–36　效果展示

本效果的操作方法如下。

步骤 01　进入“剪辑”界面，点击“开始创作”按钮，❶在“视频”选项卡中依次选择背景音乐视频素材和环绕运镜视频素材；❷选中“高清”复选框；❸点击“添加”按钮，如图 6–37 所示，添加视频。

步骤 02　❶选择背景音乐视频素材；❷点击“音频分离”按钮，如图 6–38 所示。

步骤 03　把音频素材分离出来，❶选择背景音乐视频素材；❷点击“删除”按钮，如图 6–39 所示，删除视频，只留下背景音乐

图 6–37　点击“添加”按钮

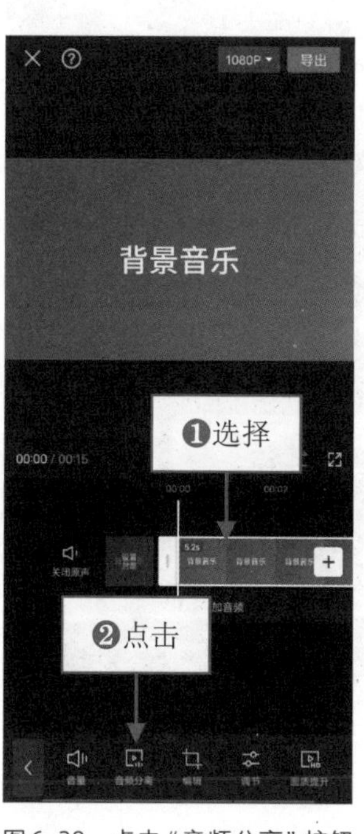

图 6–38　点击“音频分离”按钮

图 6–39　点击“删除”按钮

步骤 04 ❶选择环绕运镜视频素材；❷点击“变速”按钮，如图6-40所示。

步骤 05 在弹出的二级工具栏中点击“曲线变速”按钮，如图6-41所示。

步骤 06 弹出“曲线变速”面板，选择“子弹时间”选项，如图6-42所示。

图6-40 点击“变速”按钮

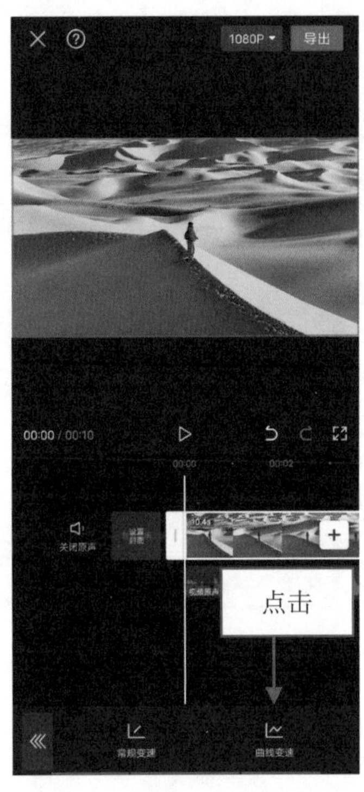

图6-41 点击“曲线变速”按钮

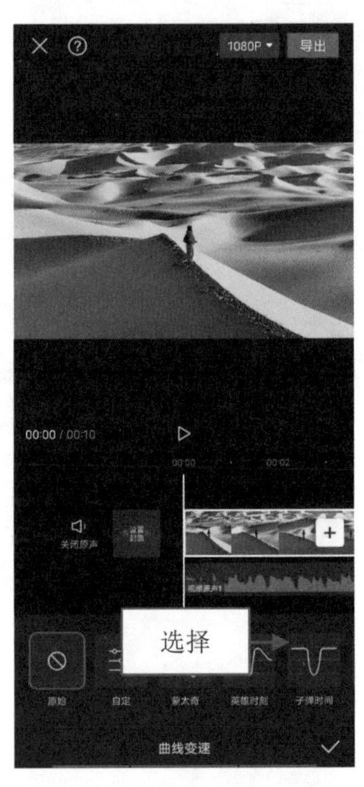

图6-42 选择“子弹时间”选项

步骤 07 点击“点击编辑”按钮，如图6-43所示，弹出“子弹时间”面板。

步骤 08 ❶在面板中通过拖曳的方式，调整中间两个变速点的位置，使视频的时长为5.4s；❷点击✓按钮，如图6-44所示。

图6-43 点击“点击编辑”按钮

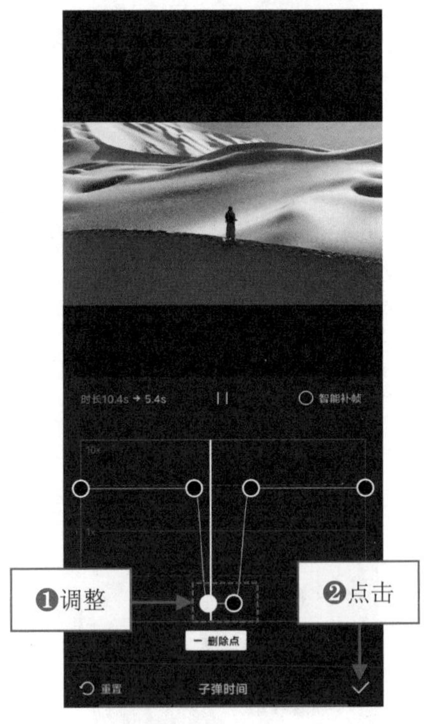

图6-44 点击相应按钮

056 慢—快—慢，形成冲击感

慢—快—慢速度节奏适用于运镜视频，因为运镜视频的速度一般比较平稳，画面多具有变化感，快速和慢速搭配的视频效果更有视觉性。

效果展示　本次剪辑的是一段航拍环绕运镜短视频，在开头和结尾的时候，视频的播放速度比较慢，在中间的位置通过变速，使播放速度成倍增加，画面更有冲击感，效果展示如图6–45所示。

图6–45　效果展示

本效果的操作方法如下。

步骤 01　在剪映App中导入一段航拍环绕运镜的视频素材，❶选择视频素材；❷在视频3s左右的位置点击“分割”按钮，如图6–46所示，分割素材。

步骤 02　在视频1分29秒左右的位置继续点击“分割”按钮，如图6–47所示，分割素材。

步骤 03　❶选择分割后的中间片段素材；❷点击“变速”按钮，如图6–48所示。

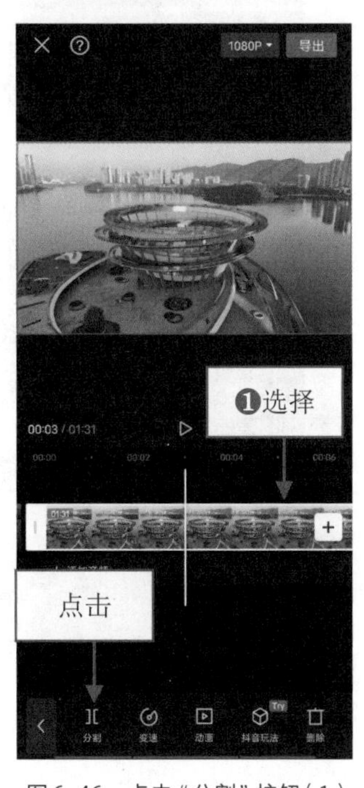

图6–46　点击“分割”按钮（1）

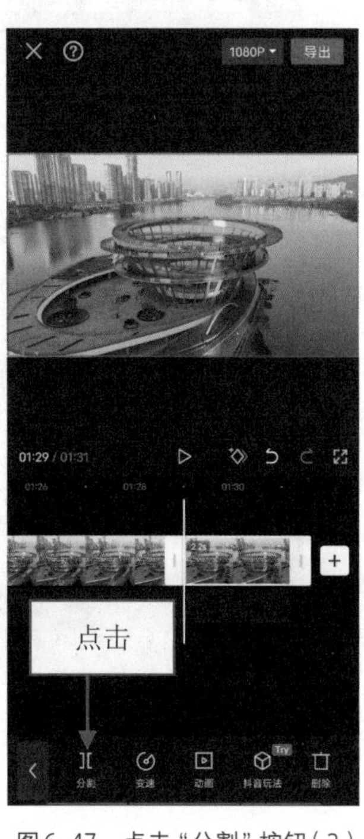

图6–47　点击“分割”按钮（2）

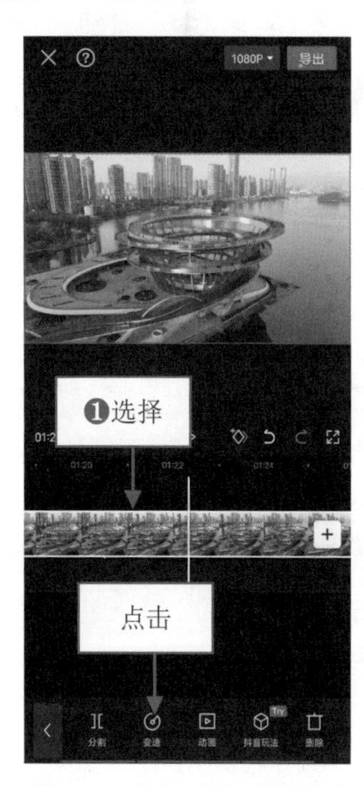

图6–48　点击“变速”按钮（1）

步骤 04 在弹出的二级工具栏中点击“常规变速”按钮，如图6–49所示。

步骤 05 弹出“变速”面板，❶向右拖曳圆环，设置“变速”参数为100.0x，加快视频的播放速度；❷点击✓按钮，如图6–50所示。

步骤 06 ❶选择第1段视频素材；❷点击“变速”按钮，如图6–51所示。

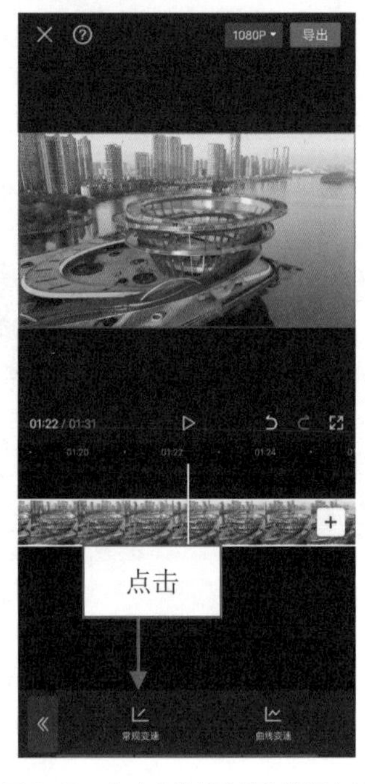

图6–49 点击“常规变速”按钮（1）

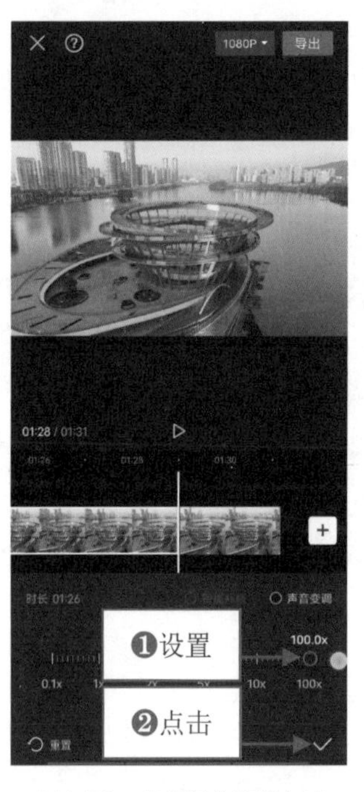

图6–50 点击相应按钮（1）

图6–51 点击“变速”按钮（2）

步骤 07 在弹出的二级工具栏中点击“常规变速”按钮，如图6–52所示。

步骤 08 弹出“变速”面板，❶向右拖曳圆环，设置“变速”参数为2x，加快视频的播放速度，使其时长变为1.5s；❷点击✓按钮，如图6–53所示。同理设置第3段视频素材的“变速”参数也为2x，让开头和结尾位置的视频素材速度一致，从而制作慢—快—慢节奏效果。

步骤 09 ❶拖曳时间轴至第2段视频素材的起始位置；❷在一级工具栏中点击“特效”按钮，如图6–54所示。

步骤 10 在弹出的二级工具栏中点击“画面特效”按钮，如图6–55所示。

图6–52 点击“常规变速”按钮（2）

图6–53 点击相应按钮（2）

图6–54　点击“特效”按钮

图6–55　点击“画面特效”按钮

步骤 11　❶切换至“基础”选项卡；❷选择“斜向模糊”特效；❸点击“调整参数”按钮，如图6–56所示。

步骤 12　弹出“调整参数”面板，❶设置“旋转方向”参数为0；❷设置“模糊强度”参数为20；❸点击✓按钮，如图6–57所示。

步骤 13　调整特效的时长，使其末尾位置对齐第2段视频的末尾位置，如图6–58所示。

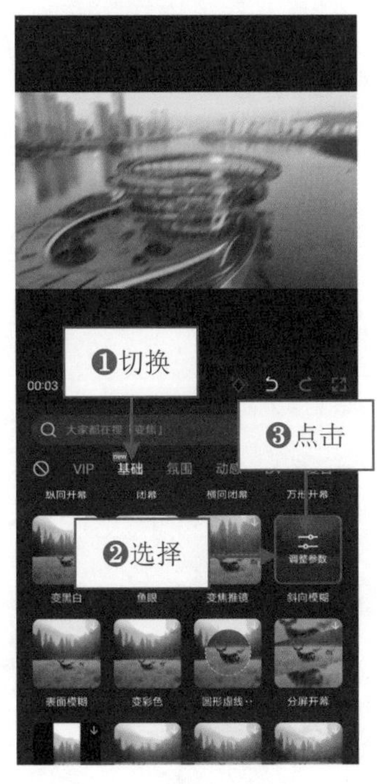

图6–56　点击“调整参数”按钮

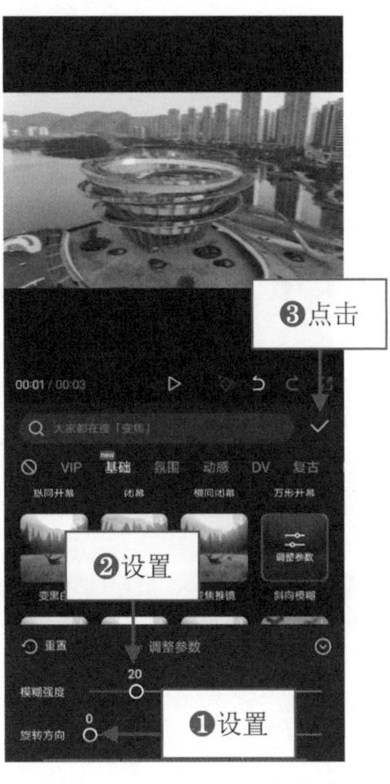

图6–57　点击相应按钮（3）

图6–58　调整特效的时长

步骤 14 在视频起始位置依次点击“音频”和“提取音乐”按钮，如图6-59所示。

步骤 15 ❶在“照片视频”界面中选择背景音乐视频素材；❷点击“仅导入视频的声音”按钮，如图6-60所示，添加音乐。

步骤 16 调整音频素材的时长，使其对齐视频的时长，如图6-61所示。

图6-59 点击“提取音乐”按钮

图6-60 点击“仅导入视频的声音”按钮

图6-61 调整音频的时长

第7章 10个技巧，打造声音的节奏感

对于短视频而言，精彩的画面还需要声音的加持，无论是背景音乐还是场景音效或人声，如果有效添加，都能让视频实现音画统一，整体更和谐。声音的节奏与画面有机结合，并且有相应的起伏变化，就像歌曲由主歌和副歌组成，旋律有快慢高低变化。本章将介绍10个打造声音的节奏感的技巧，希望大家可以熟练掌握。

057 添加慢节奏音乐，打造舒缓感

慢节奏的音乐可以让人有愉悦及轻松的感受，在一些展现自然风光、人文生活的视频中比较常见。这种类型的音乐能让画面更具治愈感，可以为视频加分。

效果展示 在添加慢节奏音乐的时候，创作者可以在剪映App中输入关键词搜索音乐，不过前提是创作者心中有想要的旋律，并且旋律与画面刚好适配，这样就能成功添加与视频风格相匹配的音乐，视频效果展示如图7–1所示。

图7–1 视频效果展示

本效果的操作方法如下。

步骤 01 在剪映App中导入一段风景视频素材，在一级工具栏中点击“音频”按钮，如图7–2所示。

步骤 02 在弹出的二级工具栏中点击“音乐”按钮，如图7–3所示。

步骤 03 进入“音乐”界面，点击搜索栏，如图7–4所示。

图7-2 点击“音频”按钮

图7-3 点击“音乐”按钮

图7-4 点击搜索栏

步骤 04 ❶在搜索栏中输入并搜索“天宫”；❷在搜索结果中点击所选的音乐，如图7-5所示。

步骤 05 试听一段，如果对音乐满意，就点击所选音乐右侧的“使用”按钮，如图7-6所示，添加背景音乐。

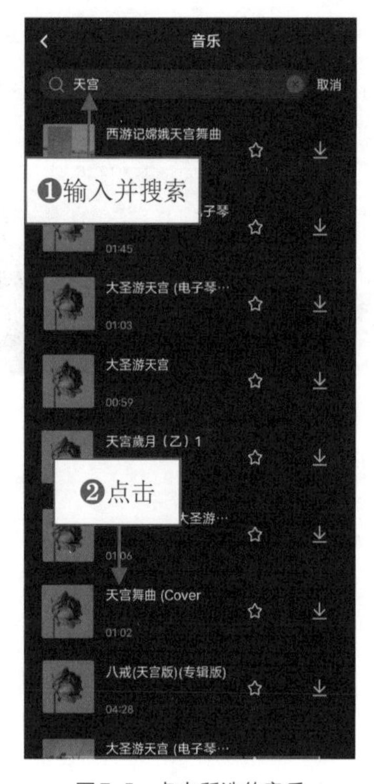

图7-5 点击所选的音乐

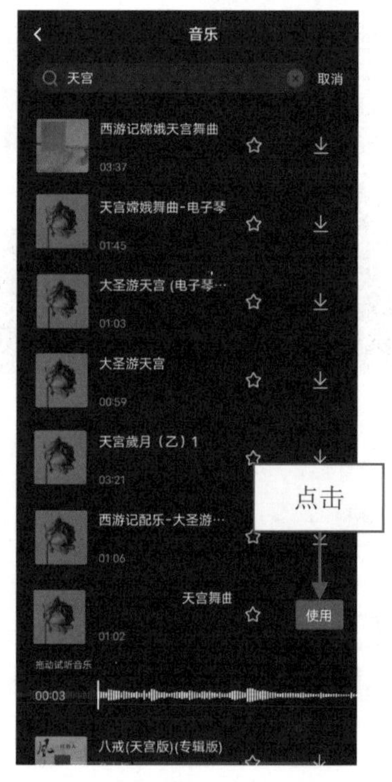

图7-6 点击“使用”按钮

步骤 06 ❶选择音频素材；❷在视频的末尾位置点击“分割”按钮，如图7–7所示，分割音频。

步骤 07 默认选择分割后的音频素材，点击“删除”按钮，如图7–8所示，删除多余的音频素材。

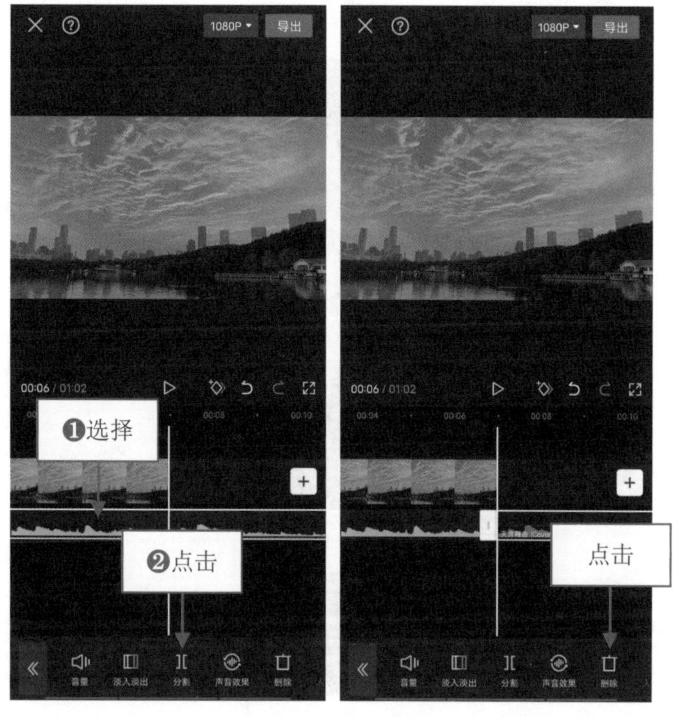

图7–7　点击“分割”按钮　　图7–8　点击“删除”按钮

058 添加快节奏音乐，营造振奋感

快节奏的音乐适用于画面内容变化较快的视频，无论是内容元素的切换，还是运镜速度的变化，只要变化快且大，就适合添加快节奏的音乐。快节奏音乐会给人一种振奋的感觉，画面也会随之变得更动感。在剪映的“卡点”“运动”等音频选项卡中就有这种风格的音乐。除了添加剪映曲库中的音乐，还可以添加其他视频中的音乐，只要把视频下载到手机中即可。

效果展示 在添加音乐的时候，可以使用“音频分离”功能提取视频中的音乐，再添加特效，让画面更动感，打造舞台效果，视频效果展示如图7–9所示。

图7–9　视频效果展示

本效果的操作方法如下。

步骤 01 进入“剪辑”界面，点击“开始创作”按钮，❶在“视频”选项卡中依次选择背景音乐视频素材和灯光秀视频素材；❷选中“高清”复选框；❸点击“添加”按钮，如图7–10所示，添加视频。

步骤 02 ❶选择背景音乐视频素材；❷点击“音频分离”按钮，如图7-11所示。

图7-10 点击“添加”按钮

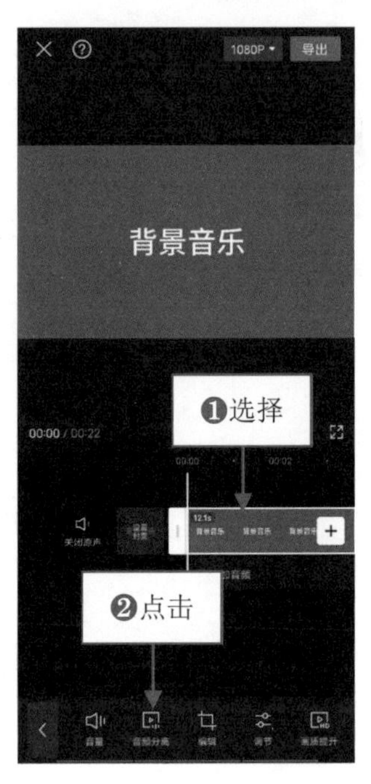

图7-11 点击“音频分离”按钮

步骤 03 把音频素材分离出来，❶选择背景音乐视频素材；❷点击“删除”按钮，如图7-12所示，删除视频，只留下背景音乐。

步骤 04 调整音频素材的时长，使其对齐灯光秀视频素材的时长，如图7-13所示。

步骤 05 在视频的起始位置点击“特效”按钮，如图7-14所示。

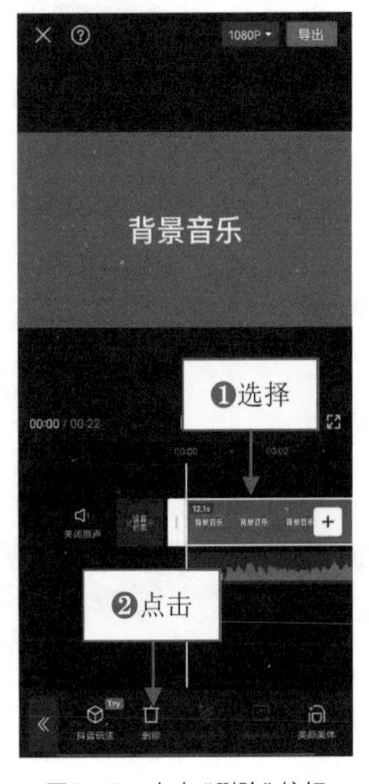

图7-12 点击“删除”按钮

图7-13 调整音频素材的时长

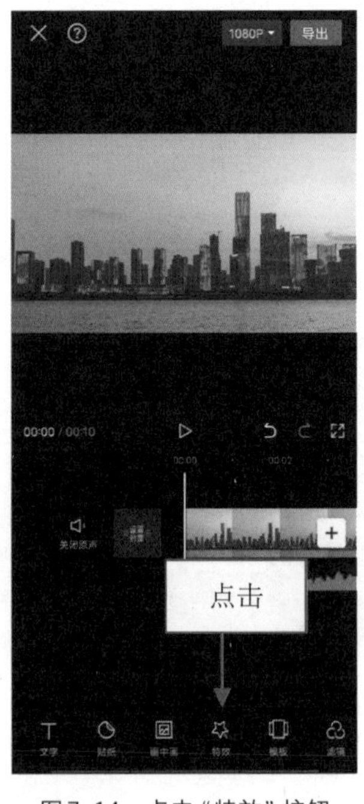

图7-14 点击“特效”按钮

步骤 06 在弹出的二级工具栏中点击“画面特效”按钮，如图7-15所示。

步骤 07 ❶切换至“动感”选项卡；❷选择“魅力光束”特效；❸点击✓按钮，如图7-16所示。

步骤 08 调整“魅力光束”特效的时长，使其对齐视频的末尾位置，如图7-17所示。

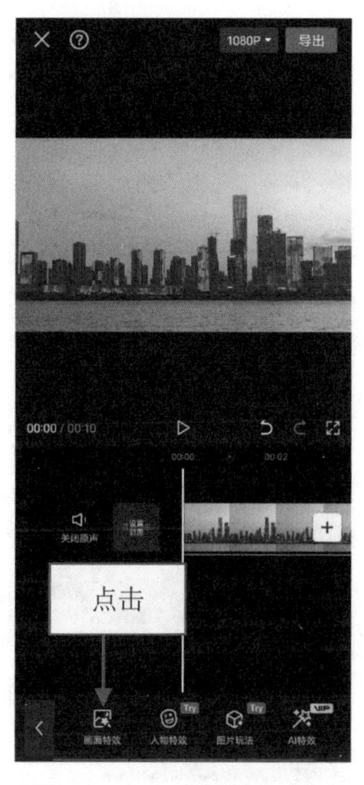

图7-15　点击“画面特效”按钮

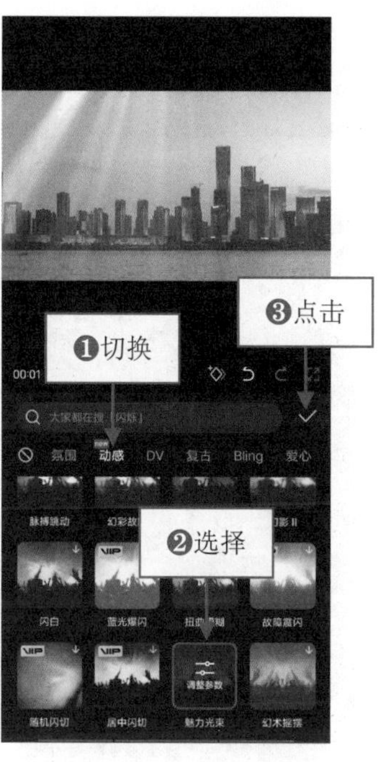

图7-16　点击相应按钮

图7-17　调整特效的时长

059 添加环境音，打造现场感

环境音是指在后期制作时加进去的现场噪音，可以用来增加场景的真实感，打造现场感。环境音也被称为自然音，一般情况下，不是和画面同步录制的，需要额外收录。除了现场录制，也可以在后期软件中添加环境音。

效果展示 在一段展现春光的美景视频里，通过添加鸟鸣声，让视频的现场感更强烈，画面也会变得更生动，视频效果展示如图7-18所示。

图7-18　视频效果展示

本效果的操作方法如下。

步骤 01 在剪映App中导入一段风景视频素材，点击“音频”按钮，如图7-19所示。

步骤 02 在弹出的二级工具栏中点击“音效”按钮，如图7-20所示。

步骤 03 ❶切换至“环境音”选项卡；❷点击“春天的鸟鸣”音效右侧的“使用”按钮，如图7–21所示，添加环境音音效。

图7–19 点击“音频”按钮

图7–20 点击“音效”按钮

图7–21 点击“使用”按钮

步骤 04 ❶选择音效素材；❷在视频的末尾位置点击“分割”按钮，如图7–22所示，分割素材。

步骤 05 默认选择分割后的第2段素材，点击“删除”按钮，如图7–23所示，删除多余的素材。

图7–22 点击“分割”按钮

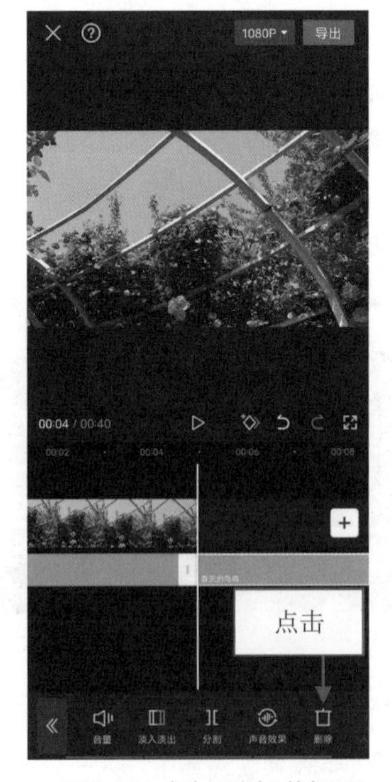

图7–23 点击“删除”按钮

060　添加音效，增强空间感

音效最基本的功能是增加现场的真实感，还可以打破画面的空间限制，增强画面的信息量。比如在一些描写人物心理的视频中，音效能外化人物的心理，展现人物的情绪。

效果展示　由于无人机没有收音的功能，在一段无人机航拍汽车的视频里，观众听不到声音，这时就可以添加汽车行驶的音效，让画面更有表现力，让观众更入戏，视频效果展示如图 7–24 所示。

图 7–24　视频效果展示

本效果的操作方法如下。

步骤 01　在剪映 App 中导入一段风景视频素材，点击“音频”按钮，如图 7–25 所示。

步骤 02　在弹出的二级工具栏中点击“音效”按钮，如图 7–26 所示。

步骤 03　❶在搜索栏中输入并搜索“汽车行驶”；❷点击“汽车行驶”音效右侧的“使用”按钮，如图 7–27 所示，添加音效。

图 7–25　点击“音频”按钮

图 7–26　点击“音效”按钮

图 7–27　点击“使用”按钮

步骤 04 ❶选择音效素材；❷在视频的末尾位置点击“分割”按钮，如图7–28所示。

步骤 05 分割素材。默认选择分割后的第2段素材，点击“删除”按钮，如图7–29所示，删除多余的素材。

图7–28　点击“分割”按钮

图7–29　点击“删除”按钮

061　添加人声，增加代入感

给视频配音，可以让视频画面更有亲和力，增加观众的代入感。在后期处理中，如果创作者的声音很好听且普通话标准，可以自己录制配音。当然，还可以使用剪映App中的AI配音功能，制作人声效果，这样效率更高。

效果展示　在一段航拍公园的短视频中，如果只是简单地加个慢节奏的背景音乐，效果可能平平无奇，这时，如果添加一段扩音器效果的人声提示，画面就会具有现场代入感了，观众也会觉得熟悉又亲切，视频效果展示如图7–30所示。

图7–30　视频效果展示

本效果的操作方法如下。

步骤 01 在剪映App中导入一段风景视频素材，点击“文字”按钮，如图7-31所示。

步骤 02 在弹出的二级工具栏中点击“新建文本”按钮，如图7-32所示。

步骤 03 ❶输入文字内容；❷点击☑按钮，如图7-33所示，添加文字。

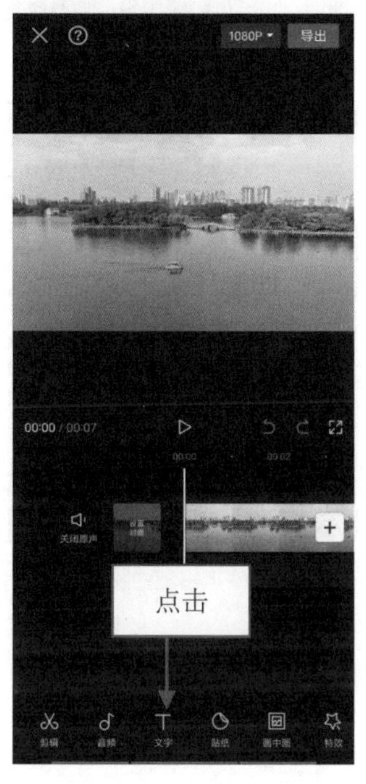

图7-31　点击“文字”按钮

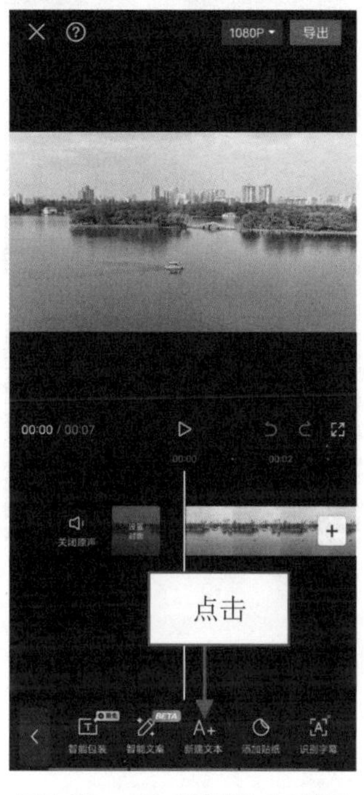

图7-32　点击“新建文本”按钮

图7-33　输入文字

步骤 04 为了把文字转换为人声，点击“文本朗读”按钮，如图7-34所示。

步骤 05 弹出“音色选择”面板，❶切换至“男声音色”选项卡；❷选择“舌尖解说”选项；❸点击☑按钮，如图7-35所示，添加音频。

步骤 06 点击“删除”按钮，如图7-36所示，删除文字，只留下音频。

步骤 07 点击“音频”按钮，❶选择音频素材；❷点击“声音效果”按钮，如图7-37所示。

步骤 08 ❶切换至“场景音”选项卡；❷选择“扩音器”选项；❸点击☑按钮，如图7-38所示，为人声增加声音效果。

图7-34　点击“文本朗读”按钮

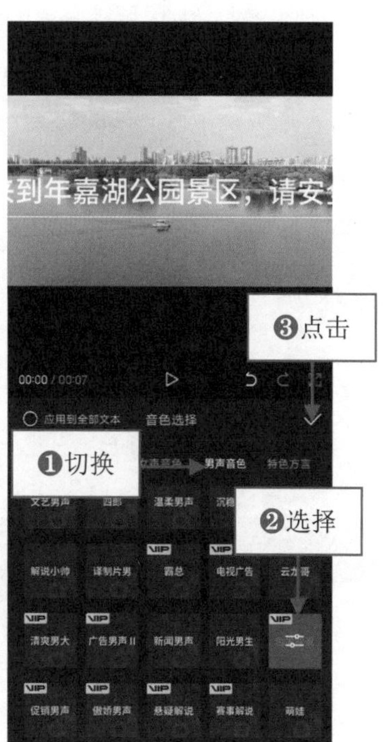

图7-35　点击相应按钮（1）

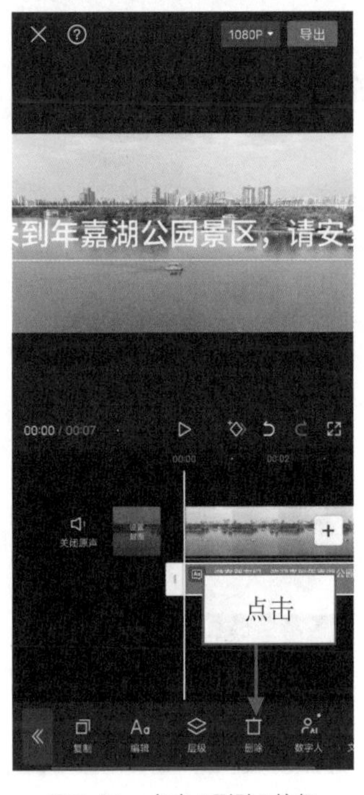

图7-36　点击“删除”按钮

图7-37　点击“声音效果”按钮

图7-38　点击相应按钮（2）

062　添加拟音，增强表现感

拟音是一种模仿的声音，像打斗场景中的刀、枪、剑互相击打的声音，都可以称之为拟音。添加拟音效果，不仅可以增强画面的表现力，还具有刻画人物性格，加强情绪渲染的作用，让视频更加生动。

效果展示　在武侠片里经常有打斗的场景，其中比较经典的有击水、劈水特效，用剑一挥或一劈，水面立刻溅起水花，这时就可以为水花添加拟音，从而展现主角的高强武艺，视频效果展示如图7-39所示。

图7-39　视频效果展示

本效果的操作方法如下。

步骤 01　导入人物劈水的视频，在4s左右的位置点击“画中画”按钮，如图7-40所示。

步骤 02　在弹出的二级工具栏中点击“新增画中画”按钮，如图7-41所示。

步骤 03 ❶选择水花特效素材；❷选中“高清”复选框；❸点击“添加”按钮，如图7–42所示。

图7–40　点击“画中画”按钮

图7–41　点击“新增画中画”按钮

图7–42　点击“添加”按钮

步骤 04 ❶调整特效素材的轨道位置，使其末尾位置对齐视频的末尾位置；❷点击“混合模式”按钮，如图7–43所示。

步骤 05 弹出“混合模式”面板，❶选择“滤色”选项，把特效抠出来；❷调整特效的画面位置；❸点击✓按钮，如图7–44所示。

步骤 06 在特效素材的起始位置依次点击“音频”和“音效”按钮，如图7–45所示。

步骤 07 ❶在搜索栏中输入并搜索“水花溅起”；❷点击“水花溅起”音效右侧的“使用”按钮，如图7–46所示，添加音效。

图7–43　点击“混合模式”按钮

图7–44　点击相应按钮（1）

步骤 08 ❶拖曳时间轴至视频的起始位置；❷依次点击“特效”和“画面特效”按钮，如图7–47所示。

图7-45 点击“音效”按钮

图7-46 点击“使用”按钮

图7-47 点击“画面特效”按钮

步骤 09 ❶切换至“氛围”选项卡；❷选择“蝶舞”特效；❸点击✓按钮，如图7-48所示。

步骤 10 调整“蝶舞”特效的时长，使其末尾位置对齐水花特效素材的起始位置，如图7-49所示。

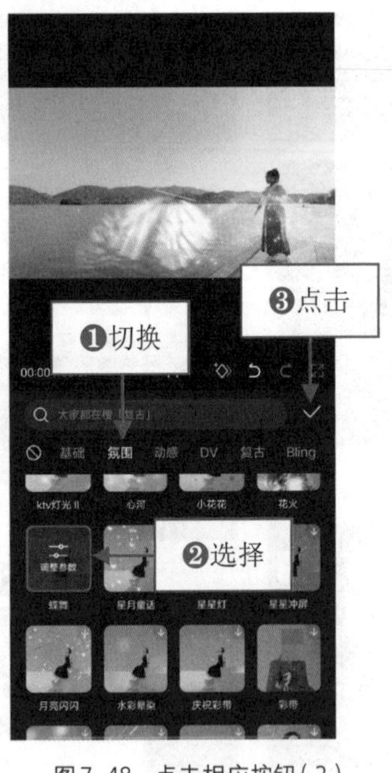

图7-48 点击相应按钮（2）

图7-49 调整“蝶舞”特效的时长

063 添加重音，突出重点感

重音一般是具有打击感的声音，声音加重之后，可以吸引观众的注意力。在剧情发展到关键节点时，会使用重音，比如恐怖片里“咚咚咚”类型的重音；在一些关键动作出现时，也会使用重音，比如敲桌子、关门重音；也可以在视频的开头使用重音，起到突出强调的作用。重音的效果有时和特写镜头一样，起着放大和渲染氛围的作用。

效果展示 比如，在短视频的开头添加重音，可以让观众集中注意力，观看画面，同时有一定的心理威慑作用，视频效果展示如图 7-50 所示。

图 7-50　视频效果展示

本效果的操作方法如下。

步骤 01 在剪映 App 中导入一段节目倒计时片头素材，在视频 0.5s 左右的位置依次点击“文字”和“新建文本”按钮，如图 7-51 所示。

步骤 02 ❶输入英文文本内容；❷点击 ✓ 按钮，如图 7-52 所示。

步骤 03 为了把文本转换成声音，点击“文本朗读”按钮，如图 7-53 所示。

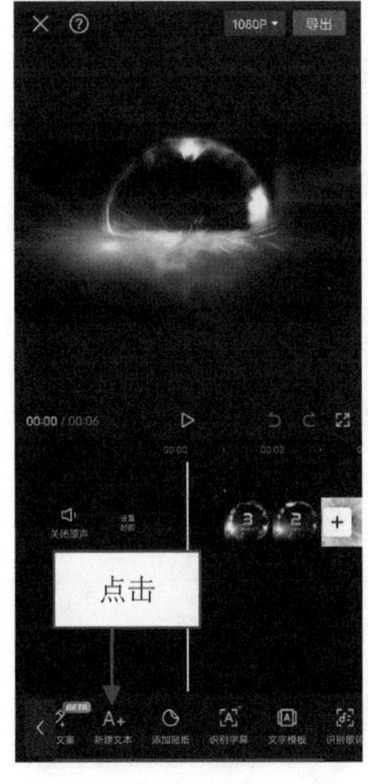

图 7-51　点击“新建文本”按钮

图 7-52　输入英文文本（1）

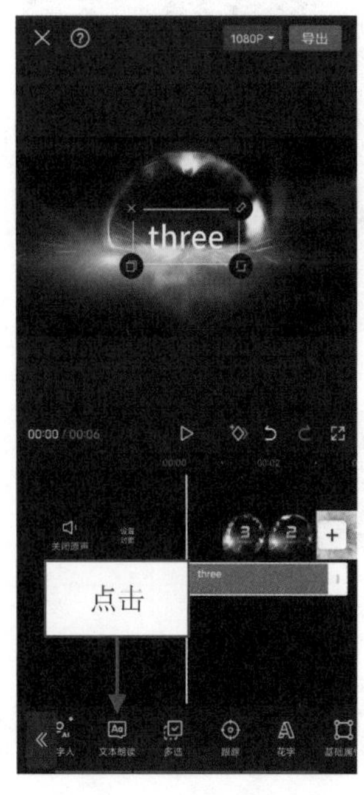

图 7-53　点击“文本朗读”按钮（1）

步骤 04 ❶选择“译制片男”选项；❷点击 ✓ 按钮，如图 7-54 所示。

步骤 05 制作倒计时语音，点击“复制”按钮，如图 7-55 所示，复制文本。

步骤 06 点击“编辑”按钮，如图 7-56 所示，修改文本内容。

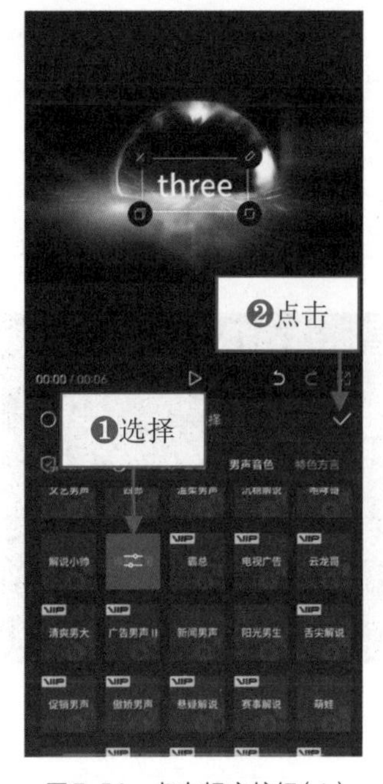

图7-54 点击相应按钮（1）

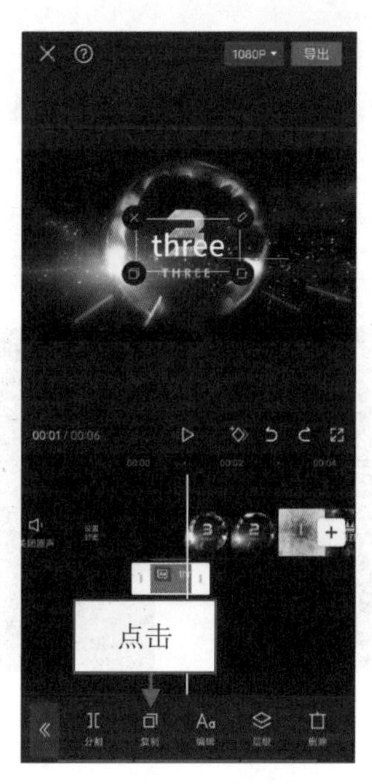

图7-55 点击“复制”按钮（1）

图7-56 点击“编辑”按钮

步骤 07 ❶输入英文文本内容；❷点击☑按钮，如图7-57所示。

步骤 08 ❶调整文本的轨道位置，对齐画面；❷点击“文本朗读”按钮，如图7-58所示。

步骤 09 ❶选择“译制片男”选项；❷点击☑按钮，如图7-59所示，制作倒计时语音。

图7-57 输入英文文本（2）

图7-58 点击“文本朗读”按钮（2）

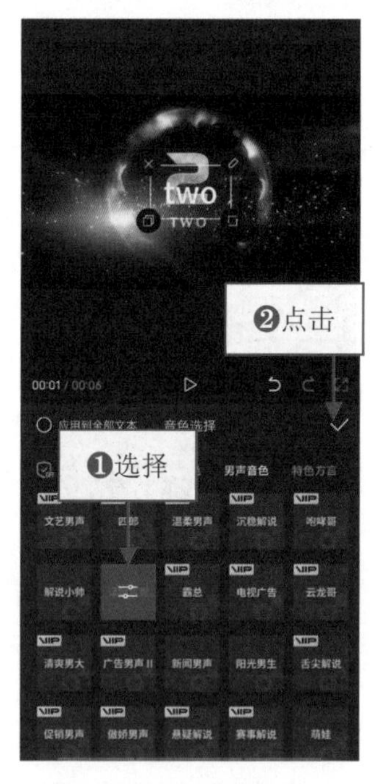

图7-59 点击相应按钮（2）

步骤 10 用与上面同样的方法，复制并添加第3段倒计时语音，点击“删除”按钮，如图7-60所示，把3段文字都删除，只留下音频。

步骤 11 在第1段倒计时语音的起始位置点击“音效”按钮，如图7-61所示。

步骤 12 ❶在搜索栏中输入并搜索“重音”；❷点击“咚 重磅”音效右侧的“使用”按钮，如图7-62所示，添加重音音效。

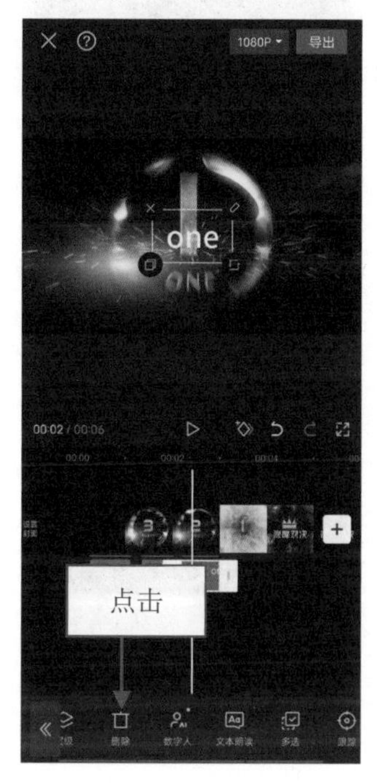

图7-60 点击“删除”按钮（1）

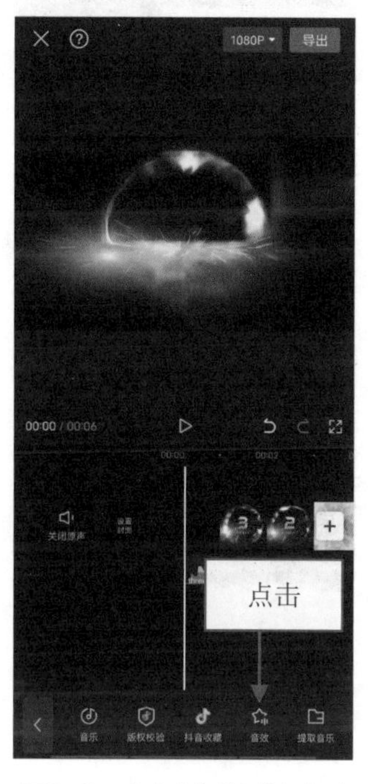

图7-61 点击“音效”按钮（1）

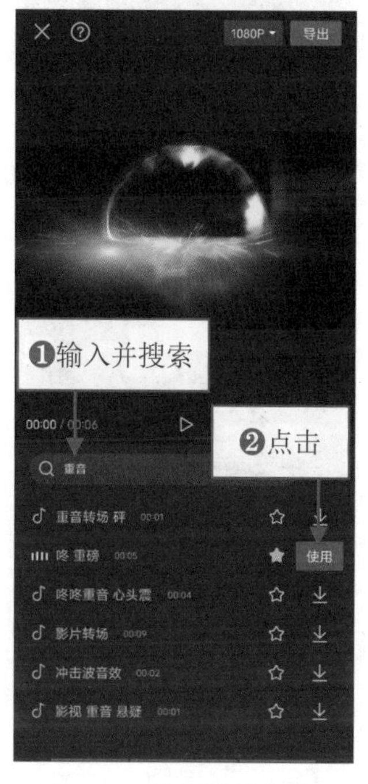

图7-62 点击“使用”按钮（1）

步骤 13 在第1段倒计时语音的末尾位置依次点击“分割”和“删除”按钮，如图7-63所示，剪辑音效素材的时长。

步骤 14 连续两次点击“复制”按钮，如图7-64所示，复制音效。

步骤 15 ❶调整粘贴后的两段音效的时长和轨道位置，对齐相应的倒计时语音；❷在2s左右的位置点击“音效”按钮，如图7-65所示。

步骤 16 ❶在搜索栏中输入并搜索“咚咚重音”；❷点击“咚咚重音”音效右侧的“使用”按钮，如图7-66所示，继续添加重音音效。

步骤 17 调整“咚咚重音”音效的末尾位置，使其与视频的末尾位置对齐，如图7-67所示。

图7-63 点击“删除”按钮（2）

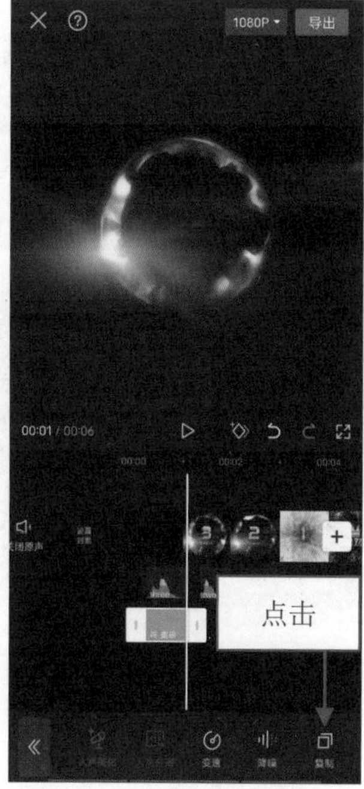

图7-64 点击“复制”按钮（2）

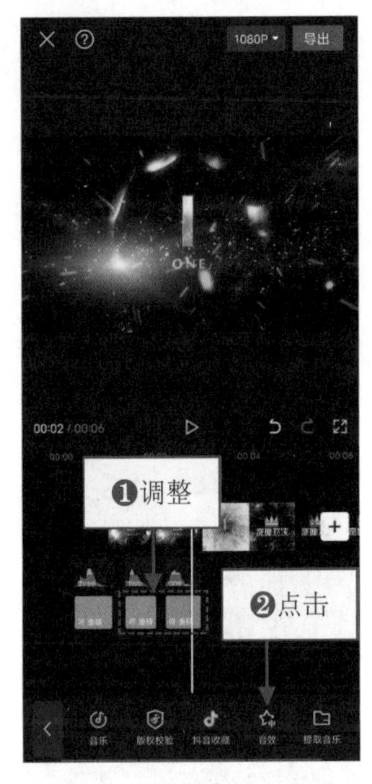

图7-65 点击“音效”按钮（2）

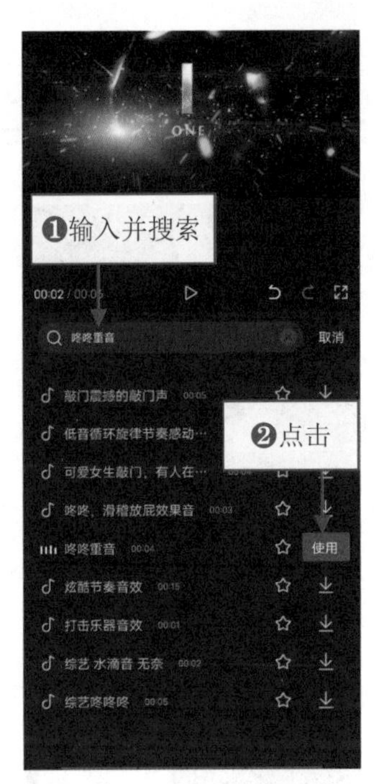

图7-66 点击“使用”按钮（2）

图7-67 调整音效的末尾位置

064 调整音量高低，制造变化感

背景音乐和台词旁白可能会重合在一起，环境音和背景音乐也可能重合在一起，为了让声音有变化感，可以调整声音的音量高低，让声音效果更和谐些。

效果展示 在为一段视频添加旁白声音的时候，可以让背景音乐在旁白响起的时候降低音量，这样观众就能听清楚旁白的内容，避免背景音乐的声音盖住旁白的声音，视频效果展示如图7-68所示。

图7-68 视频效果展示

本效果的操作方法如下。

步骤 01 在剪映App中导入一段带有背景音乐的视频素材，在视频起始位置依次点击“文字”和“新建文本”按钮，如图7-69所示。

步骤 02 ❶输入文本内容；❷点击☑按钮，如图7-70所示。

步骤 03 为了把文本转换成旁白声音，点击“文本朗读”按钮，如图7-71所示。

图7-69　点击“新建文本”按钮

图7-70　输入文本内容

图7-71　点击“文本朗读”按钮

步骤 04　弹出“音色选择”面板，❶切换至“女声音色”选项卡；❷选择“心灵鸡汤”选项；❸点击✓按钮，如图7-72所示。

步骤 05　❶调整文本和音频的轨道位置，使其处于居中偏后的位置；❷点击“删除”按钮，如图7-73所示，删除文本。

步骤 06　❶选择视频素材；❷点击“音频分离”按钮，如图7-74所示，分离背景音乐。

图7-72　点击相应按钮（1）

图7-73　点击“删除”按钮

图7-74　点击“音频分离”按钮

步骤 07　❶选择背景音乐素材；❷在视频2s左右的位置点击“分割”按钮，如图7-75所示，分割音频。

步骤 08 在视频6s左右的位置点击“分割”按钮，如图7-76所示，继续分割音频。

步骤 09 ❶选择分割后的第2段音频素材；❷点击“音量”按钮，如图7-77所示。

步骤 10 ❶设置“音量”参数为46；❷点击✓按钮，如图7-78所示，降低背景音乐的音量。

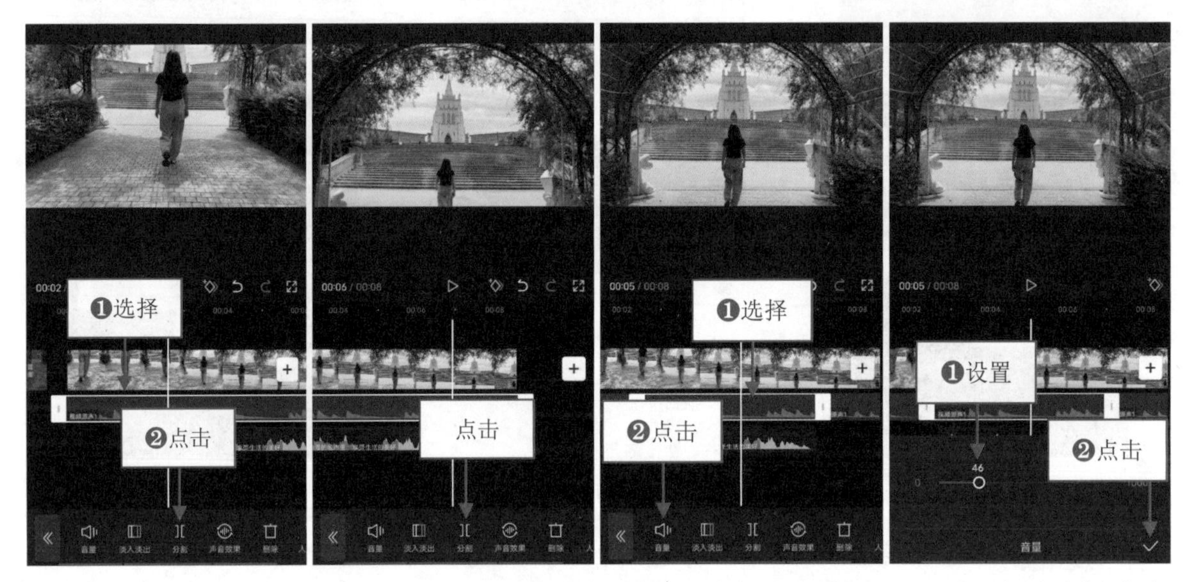

图7-75 点击“分割”按钮（1）图7-76 点击“分割”按钮（2） 图7-77 点击“音量”按钮 图7-78 点击相应按钮（2）

065 声音淡入淡出，打造层次感

淡入是指背景音乐开始响起的时候，声音的音量会慢慢变高；淡出是指背景音乐即将结束的时候，声音会渐渐消失。设置淡入淡出效果，可以让短视频的背景音乐出现和结束得不那么突兀，给观众带来更加舒适的视听感。

效果展示 使用剪映App添加背景音乐的时候，可以在曲库类型选项卡中添加。如果音乐开始或结束得很突然，就要设置淡入淡出的效果，视频效果展示如图7-79所示。

图7-79 视频效果展示

本效果的操作方法如下。

步骤 01 在剪映App中导入一段视频素材，在视频起始位置依次点击“音频”和“音乐”按钮，如图 7–80 所示。

步骤 02　进入“音乐”界面，选择“纯音乐”选项，如图 7–81 所示。

步骤 03　进入“纯音乐”界面，点击所选音乐右侧的“使用”按钮，如图 7–82 所示，添加背景音乐。

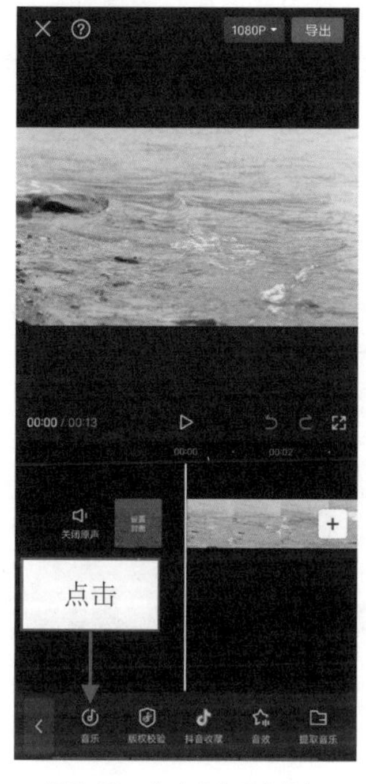

图 7–80　点击“音乐”按钮

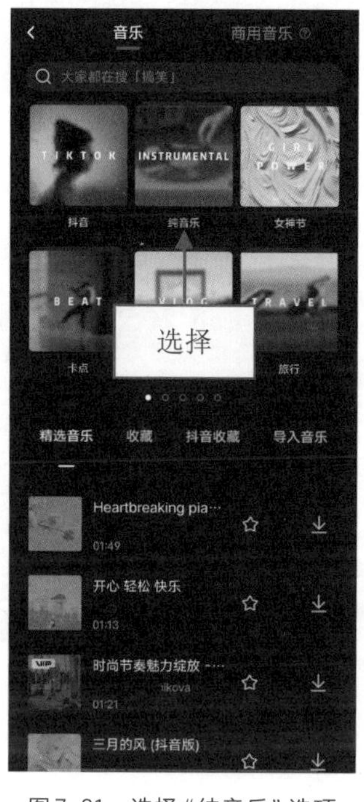

图 7–81　选择“纯音乐”选项

图 7–82　点击“使用”按钮

步骤 04　❶选择背景音乐素材；❷在视频的末尾位置依次点击“分割”和“删除”按钮，如图 7–83 所示，分割并删除多余的音频素材。

步骤 05　❶选择背景音乐素材；❷点击“淡入淡出”按钮，如图 7–84 所示。

步骤 06　弹出“淡入淡出”面板，❶设置“淡入时长”为 1s、“淡出时长”为 1.5s；❷点击✓按钮，如图 7–85 所示，让音乐开始和结束得更自然。

图 7–83　点击“删除”按钮

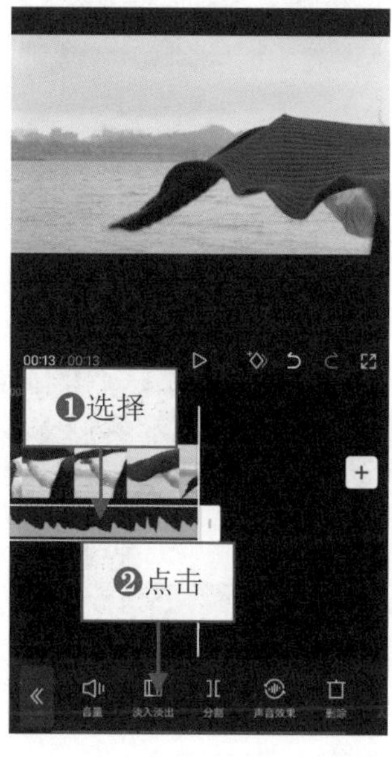

图 7–84　点击“淡入淡出”按钮

图 7–85　点击相应按钮

066 制作卡点视频，表现节奏感

什么叫卡点呢？卡点就是画面跟随音乐的重音旋律进行变化，比如进行速度变化，或者画面变化、色彩变化。在制作卡点视频的时候，关键点是寻找有节奏的音乐，再根据音乐的节拍点制作有规律变化的画面。

效果展示 卡点短视频是观众比较喜欢的一种视频类型，节奏感极强的卡点视频会给观众舒适感。下面将介绍如何制作一段云朵延时卡点视频，视频效果展示如图7-86所示。

图7-86 视频效果展示

本效果的操作方法如下。

步骤 01 在剪映App中导入一段云朵延时视频素材，❶点击“关闭原声”按钮，设置视频为静音；❷点击“音频”按钮，如图7-87所示。

步骤 02 在弹出的二级工具栏中点击“抖音收藏”按钮，如图7-88所示。

步骤 03 在“抖音收藏”选项卡中点击所选音乐右侧的“使用”按钮，如图7-89所示，添加收藏好的卡点音乐。在添加抖音收藏的音乐时，需要先在抖音平台中收藏音乐。

图7-87 点击“音频”按钮

图7-88 点击“抖音收藏”按钮

图7-89 点击“使用”按钮

步骤 04 ❶选择视频素材；❷点击“变速”按钮，如图7–90所示。

步骤 05 在弹出的工具栏中点击“曲线变速”按钮，如图7–91所示。

步骤 06 弹出“曲线变速”面板，❶选择“自定”选项；❷点击“点击编辑”按钮，如图7–92所示。

图7–90　点击“变速”按钮

图7–91　点击“曲线变速”按钮

图7–92　点击“点击编辑”按钮

步骤 07 在第1个变速点和第2个变速点中间的位置点击“添加点”按钮，如图7–93所示，添加变速点，同理，在后面每两个变速点中间的位置均添加变速点。

步骤 08 把新添加的第1个变速点向下拖曳至“速度”参数为0.1x的位置，如图7–94所示，剩下的新添加的3个变速点也是向下拖曳至同样的位置。

步骤 09 ❶把原有的变速点向上拖曳至“速度”参数为5.0x的位置；❷点击✔按钮，如图7–95所示，从而制作忽快忽慢的变速效果。

步骤 10 ❶选择视频素材；❷设置素材的时长为4.8s；❸连续两次点击“复制”按钮，如图7–96所示，复制两段素材。

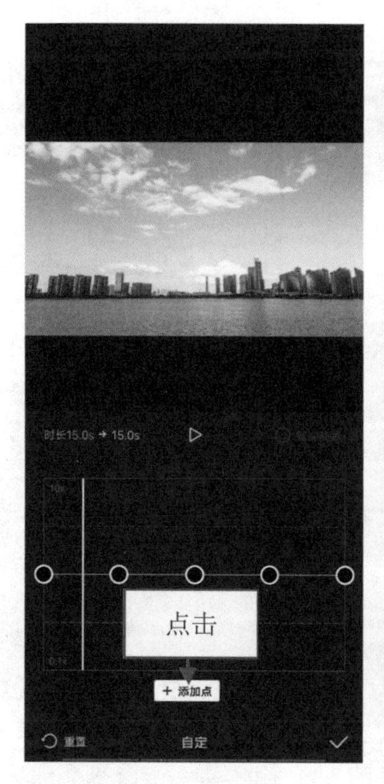

图7–93　点击“添加点”按钮

图7–94　向下拖曳变速点

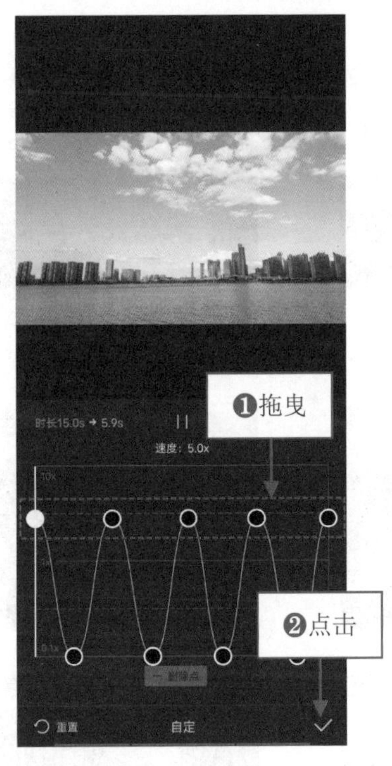

图7–95 点击相应按钮

图7–96 点击"复制"按钮

步骤 11 ❶选择第2段素材；❷点击"替换"按钮，如图7–97所示。

步骤 12 在"视频"选项卡中选择第2段云朵延时视频，如图7–98所示。

步骤 13 进入相应的界面，点击"确认"按钮，如图7–99所示，替换素材，保留变速效果。

图7–97 点击"替换"按钮(1)

图7–98 选择第2段云朵延时视频

图7–99 点击"确认"按钮(1)

步骤 14 ❶选择第3段素材；❷点击"替换"按钮，如图7–100所示。

步骤 15 在"视频"选项卡中选择第3段云朵延时视频，如图7–101所示。

步骤 16 进入相应界面，点击"确认"按钮，如图7–102所示，替换素材，保留变速效果。

图7–100　点击"替换"按钮（2）

图7–101　选择第3段云朵延时视频

图7–102　点击"确认"按钮（2）

步骤 17 ❶选择音频素材；❷在视频的末尾位置点击"分割"按钮，如图7–103所示，分割音频素材。

步骤 18 点击"删除"按钮，如图7–104所示，删除多余的音频素材。本案例中的歌曲，创作者也可以通过在搜索栏中输入和搜索歌曲的名称来添加。

图7–103　点击"分割"按钮

图7–104　点击"删除"按钮

第 8 章　12 个技巧，掌握特效的节奏感

特效是特殊效果的简称，在短视频中，为了增加趣味和亮点，让画面更有节奏感，可以添加相应的特效。这不仅可以让画面质量更为精美，还能让画面充满想象力、表现力和冲击力。特效在一定程度上也可以补充内容，让画面更有密度，并且还能烘托情绪、渲染气氛。本章将为大家介绍如何掌握特效的节奏感。

067　添加开幕特效，制造神秘感

短视频的开头，是吸引观众注意力的重要节点，为了让观众持续观看短视频，可以为视频添加开幕特效，让视频画面更吸睛。

效果展示　在视频开头的位置，为视频添加黑屏上下划开的特效，可以让画面更有神秘感。制作一种“揭开面纱”的效果，能够引起观众的好奇，效果展示如图 8-1 所示。

图 8-1　效果展示

本效果的操作方法如下。

步骤 01　在剪映 App 中导入一段视频素材，点击“特效”按钮，如图 8-2 所示。

步骤 02　在弹出的二级工具栏中点击“画面特效”按钮，如图 8-3 所示。

步骤 03　❶切换至“基础”选项卡；❷选择“开幕”特效；❸点击✓按钮，如图 8-4 所示，添加开幕特效。

图 8-2　点击“特效”按钮

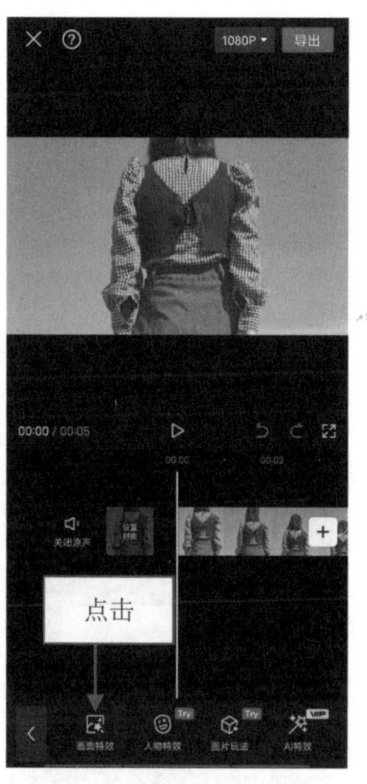

图 8-3　点击“画面特效”按钮

图 8-4　点击相应按钮

068　添加闭幕特效，打造完整感

对于短视频而言，为了让视频更完整，可以为视频添加闭幕特效，让视频有始有终，提升视频的完播率。

效果展示　使用剪映的蒙版和关键帧功能，可以制作圆形闭幕特效，让画面慢慢变圆、变黑，效果展示如图 8-5 所示。

图 8-5　效果展示

本效果的操作方法如下。

步骤 01　在剪映 App 中导入一段视频，❶在视频 4s 左右的位置选择视频；❷点击“蒙版”按钮，如图 8-6 所示。

步骤 02　❶选择“圆形”蒙版；❷调整蒙版的大小，使圆圈包围视频画面；❸点击按钮，如

图8-7所示，添加关键帧。

步骤 03 ❶拖曳时间轴至视频末尾位置；❷调整蒙版的大小，使圆变最小，如图8-8所示。

图8-6 点击“蒙版”按钮

图8-7 点击相应按钮

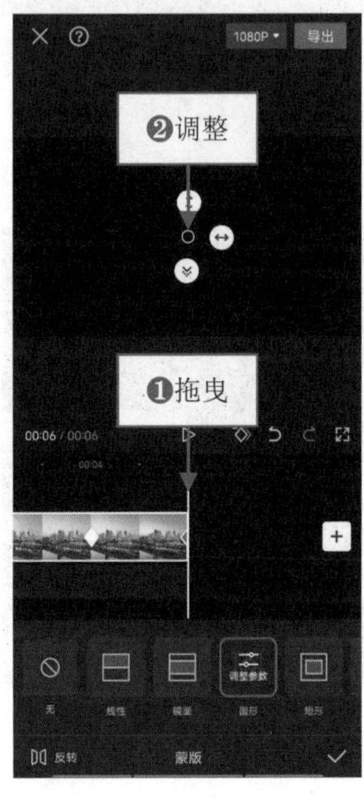

图8-8 调整蒙版的大小

069 添加邮票特效，增强视觉感

邮票特效属于边框特效，在视频中添加边框特效，可以起到修饰画面的作用。邮票特效可以让画面变成邮票形式，使画面更有视觉感，更能吸引人。

效果展示 在添加邮票特效的时候，需要选择合适的素材，最好选择风光类素材，效果会很好，效果展示如图8-9所示。

图8-9 效果展示

本效果的操作方法如下。

步骤 01 在剪映App中导入一段视频素材，依次点击“特效”和“画面特效”按钮，如图8-10所示。

步骤 02 ❶切换至“边框”选项卡；❷选择“邮票边框”特效；❸点击☑按钮，如图8–11所示，添加特效。

步骤 03 调整“邮票边框”特效的时长，使其对齐视频的末尾位置，如图8–12所示。

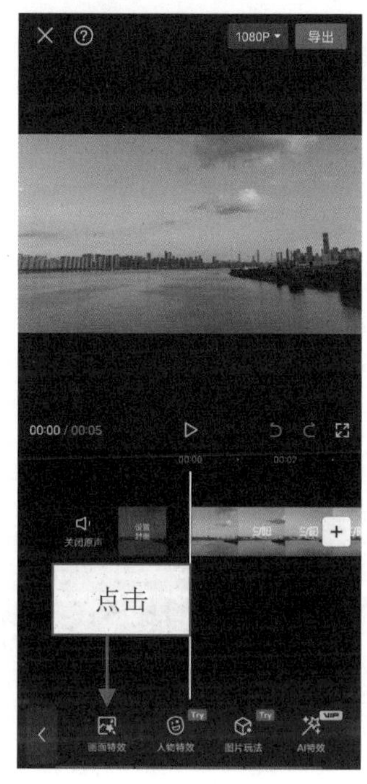

图8–10　点击“画面特效”按钮

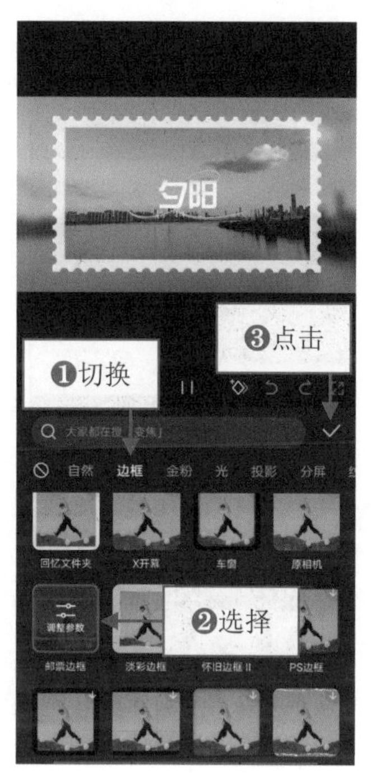

图8–11　点击相应按钮

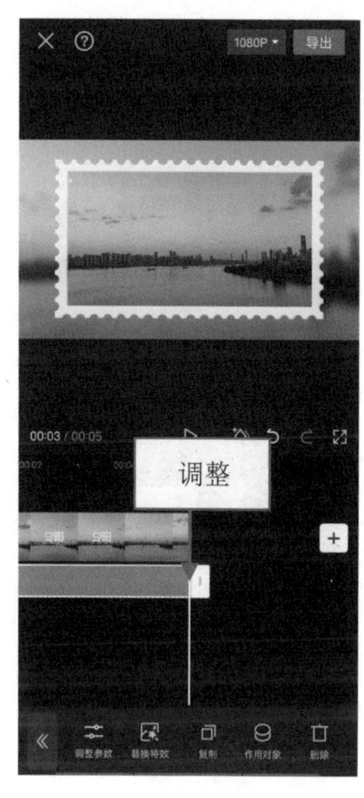

图8–12　调整“邮票边框”特效的时长

070　添加画幅特效，制作电影感

如何让一段短视频快速拥有电影感？除了调色，还可以添加电影画幅特效，制作电影荧幕画幅效果，让短视频画面具有电影感。

效果展示 电影感画幅特效需要选择画面上下两侧边缘没有主体的视频素材，因为添加特效之后，边缘会变成黑色，效果展示如图8–13所示。

图8–13　效果展示

本效果的操作方法如下。

步骤 01 在剪映App中导入一段视频素材，依次点击“特效”和“画面特效”按钮，如图8–14所示。

步骤 02 ❶切换至“电影”选项卡；❷选择“电影感”特效；❸点击✅按钮，如图8–15所示，添加特效。

步骤 03 调整“电影感”特效的时长，使其对齐视频的末尾位置，如图8–16所示。

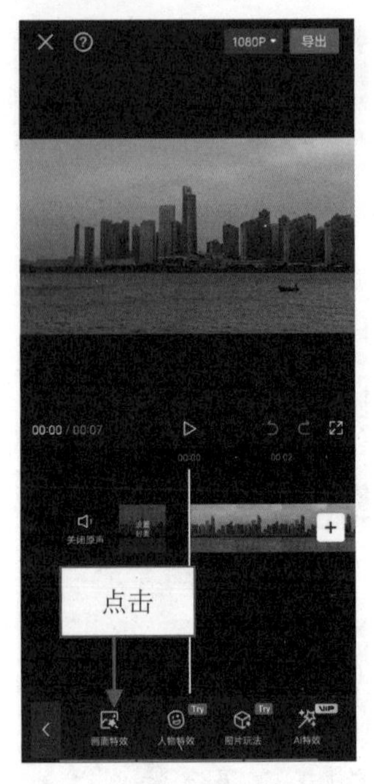

图8–14 点击“画面特效”按钮

图8–15 点击相应按钮

图8–16 调整“电影感”特效的时长

071 添加弹幕特效，增强互动感

观众具有从众心理，如果画面中有很多弹幕，视频就具有互动感，观众就会乐意点赞和评论，长此以往，就会形成良性循环，对短视频创作者而言，是好处多多的。

效果展示 如何快速增强视频的互动感呢？可以为视频添加弹幕特效。当各种有趣的评论在屏幕上飘动时，能提升观众的倾诉欲，提升互动量，效果展示如图8–17所示。

图8–17 效果展示

本效果的操作方法如下。

步骤 01 在剪映App中导入一段视频素材，依次点击“特效”和“画面特效”按钮，如图8–18所示。

步骤 02 ❶切换至“综艺”选项卡；❷选择“夸夸弹幕”特效；❸点击✓按钮，如图8–19所示，添加特效。

步骤 03 调整“夸夸弹幕”特效的时长，使其对齐视频的末尾位置，如图8–20所示。

图8–18　点击“画面特效”按钮

图8–19　点击相应按钮

图8–20　调整“夸夸弹幕”特效的时长

072　添加烟花特效，展现氛围感

在过节的时候，比如春节、元宵节，部分人所拍摄的烟花视频画面里并没有多少烟花，这时可以通过后期添加烟花特效，让画面更有氛围感。

效果展示　在添加烟花特效的时候，原版画面中不能有太多的烟花，且天空的留白要多，这样才能制作出仿真的画面，效果展示如图8–21所示。

图8–21　效果展示

本效果的操作方法如下。

步骤 01 在剪映App中导入一段视频素材，依次点击“特效”和“画面特效”按钮，如图8–22所示。

步骤 02 ❶切换至“氛围”选项卡；❷选择“烟花2024”特效；❸点击☑按钮，如图8-23所示，添加特效。

步骤 03 调整“烟花2024”特效的时长，使其对齐视频的末尾位置，如图8-24所示。

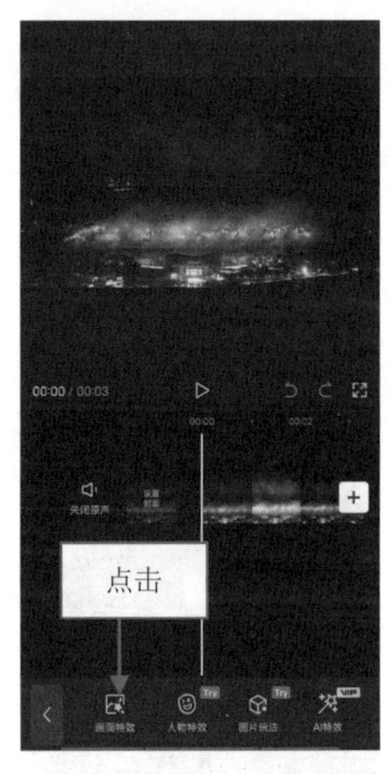

图8-22　点击“画面特效”按钮

图8-23　点击相应按钮

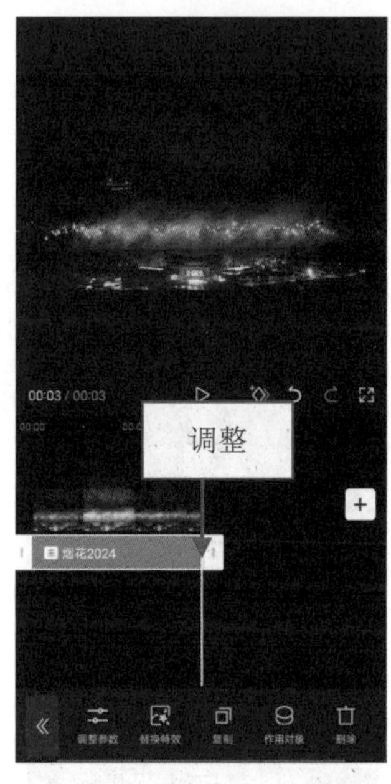

图8-24　调整“烟花2024”特效的时长

073　添加分屏特效，提升丰富感

对于短视频而言，大部分都是分享在短视频平台中的，也是用手机观看的。如何让横屏视频变成竖屏视频，除了设置视频比例，还可以制作分屏效果，让画面更丰富。

效果展示　剪映中的分屏效果有很多款，本案例制作的是三分屏效果，画面不密集也不疏散，观看效果刚刚好，效果展示如图8-25所示。

图8-25　效果展示

本效果的操作方法如下。

步骤 01 在剪映App中导入一段视频素材，点击“比例”按钮，如图8-26所示。

步骤 02 弹出“比例”面板，❶选择9:16选项；❷点击✓按钮，如图8-27所示，让横屏画面变成竖屏画面。

步骤 03 依次点击“特效”和“画面特效”按钮；❶切换至“分屏”选项卡；❷选择“三屏”特效；❸点击✓按钮，如图8-28所示，添加特效。

步骤 04 ❶调整“三屏”特效的时长；❷点击“作用对象”按钮，如图8-29所示。

步骤 05 ❶选择“全局”选项；❷点击✓按钮，如图8-30所示，把特效应用于全部画面。

图8-26　点击“比例”按钮

图8-27　点击相应按钮（1）

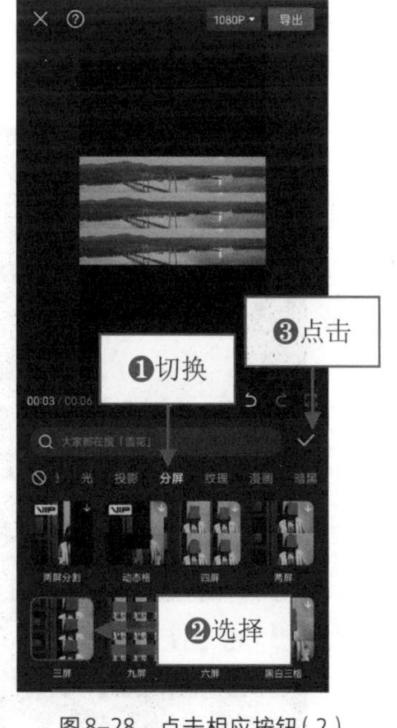

图8-28　点击相应按钮（2）

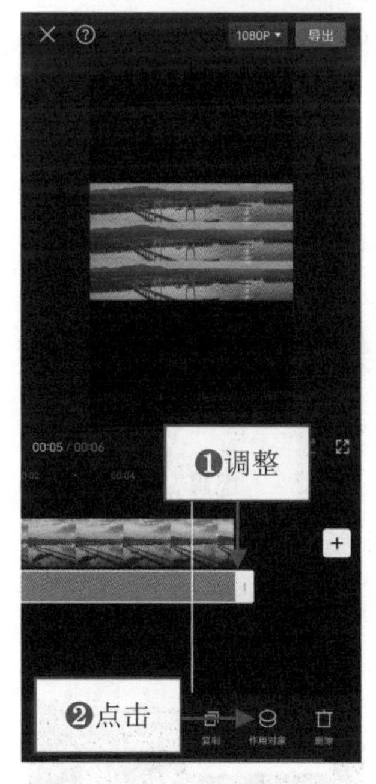

图8-29　点击“作用对象”按钮

图8-30　点击相应按钮（3）

074　添加光影特效，打造梦幻感

摄影是光的艺术，摄像也一样，好的光影效果可以增加主体的立体感和空间感，还会让画面更加有真实感和质感。如果在拍摄的时候没有打光，就可以在后期添加光影特效。

效果展示 光影效果落在主体的身上，可以产生独特的氛围，画面布局也会产生相应的变化，特别是紫色的光影，会让画面具有梦幻感，效果展示如图8–31所示。

图8–31 效果展示

本效果的操作方法如下。

步骤 01 在剪映App中导入视频，在2s左右的位置点击“特效”按钮，如图8–32所示。

步骤 02 在弹出的二级工具栏中点击“画面特效”按钮，如图8–33所示。

步骤 03 ❶切换至“投影”选项卡；❷选择“蒸汽波路灯”特效；❸点击☑按钮，如图8–34所示，添加特效。

图8–32 点击“特效”按钮

图8–33 点击“画面特效”按钮

图8–34 点击相应按钮

075 添加流光特效，增强炫酷感

流光特效属于人物特效。剪映中的人物特效可以专门为人物添加特效，并且特效类型非常丰富，可以让单调的人物视频变得有趣。

效果展示　为人物添加流光特效，可以让画面具有炫酷感，增强画面的视觉冲击力，效果展示如图 8–35 所示。

图 8–35　效果展示

本效果的操作方法如下。

步骤 01　在剪映 App 中导入一段视频素材，在视频 2s 的位置依次点击“特效”和“人物特效”按钮，如图 8–36 所示。

步骤 02　❶切换至“身体”选项卡；❷选择“幻彩流光”特效；❸点击✓按钮，如图 8–37 所示，添加特效。

步骤 03　调整“幻彩流光”特效的时长，使其对齐视频的末尾位置，如图 8–38 所示。

图 8–36　点击“人物特效”按钮

图 8–37　点击相应按钮

图 8–38　调整“幻彩流光”特效的时长

076 添加电视机特效，打造复古感

复古感的画面色调偏黄、偏旧，画质也会有点不清晰。可以添加具有复古感的电视机特效，增强怀旧效果。

效果展示 在添加复古特效的时候，需要注意视频的风格，最好选择服装有年代感的视频，效果展示如图8–39所示。

图8–39 效果展示

本效果的操作方法如下。

步骤 01 在剪映App中导入视频，依次点击“特效”和“画面特效”按钮，如图8–40所示。

步骤 02 ❶切换至“边框”选项卡；❷选择“黑色老电视”特效；❸点击✓按钮，如图8–41所示，添加特效。

步骤 03 调整“黑色老电视”特效的时长，使其对齐视频的末尾位置，如图8–42所示。

图8–40 点击“画面特效”按钮

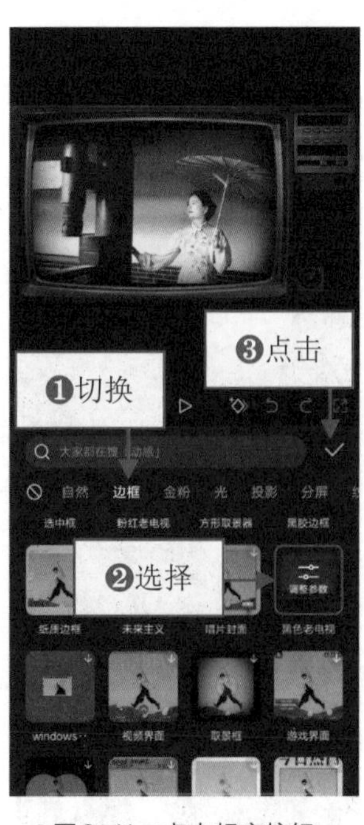

图8–41 点击相应按钮

图8–42 调整特效的时长

077　添加水墨风特效，表现朦胧感

水墨风特效是模仿泼墨效果制作的特效，适合用在古风视频中，就像国画一般，能让画面具有朦胧感和意境美。

效果展示　在添加特效素材之后，需要使用剪映中的混合模式功能抠出特效，这里使用的是滤色混合模式，让特效画面中的黑色消失，留下白色和灰色，效果展示如图8-43所示。

图8-43　效果展示

本效果的操作方法如下。

步骤 01　在剪映App中导入一段视频素材，依次点击“画中画”和“新增画中画”按钮，如图8-44所示。

步骤 02　❶在“视频”选项卡中选择水墨风特效素材；❷选中“高清”复选框；❸点击“添加”按钮，如图8-45所示，添加特效素材。

步骤 03　❶调整特效素材的画面大小；❷点击“混合模式”按钮，如图8-46所示。

步骤 04　❶选择“滤色”模式，去除黑色；❷点击✓按钮，如图8-47所示。

步骤 05　连续4次点击“复制”按钮，如图8-48所示，为剩下的画面快速添加同样的特效。

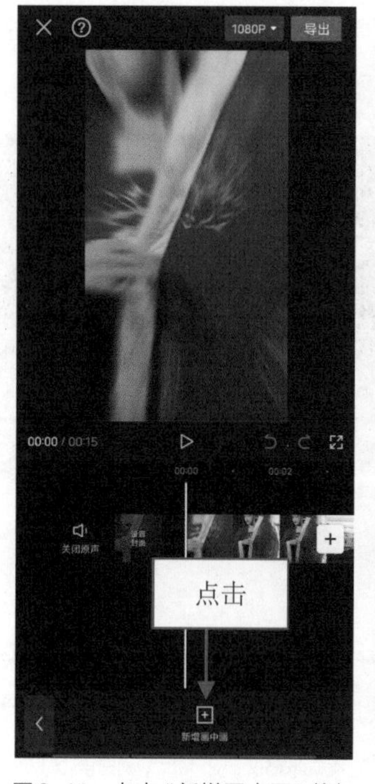

图8-44　点击“新增画中画”按钮

图8-45　点击“添加”按钮

图8-46　点击“混合模式”按钮

图8-47　点击相应按钮

图8-48　点击“复制”按钮

078 添加季节更替特效，加强代入感

季节更替特效是指让春天变成秋天，或者让夏天变成冬天的特效。在剪映中，有“变秋天”特效，还有“落叶”特效，可以让画面的季节氛围更加浓烈，观众更有代入感。

效果展示 在选择更换季节的素材的时候，最好选择绿色占比较大的素材，因为绿色越多，后期变黄的区域也就越多，画面效果会更明显些，效果展示如图8–49所示。

图8–49　效果展示

本效果的操作方法如下。

步骤 01 在剪映App中导入一段视频素材，依次点击“特效”和“画面特效”按钮；❶切换至“基础”选项卡；❷选择“变秋天”特效；❸点击☑按钮，如图8–50所示，添加特效。

步骤 02 ❶调整“变秋天”特效的时长，使其对齐视频的末尾位置；❷在画面开始变黄的位置点击“画面特效”按钮，如图8–51所示。

步骤 03 ❶切换至“自然”选项卡；❷选择“落叶”特效；❸点击☑按钮，如图8–52所示，继续添加特效，并调整其时长，使其对齐视频的末尾位置。

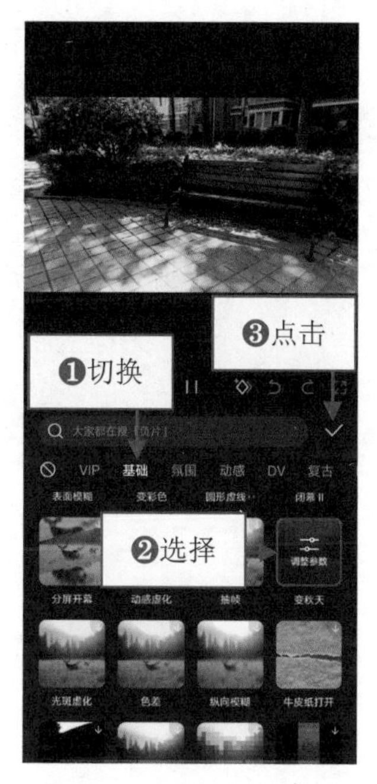

图8–50　点击相应按钮（1）

图8–51　点击“画面特效”按钮

图8–52　点击相应按钮（2）

第9章 14种调色，把握色彩的节奏感

色彩是极具感染力的视觉语言，色彩作为视频艺术造型的一个重要的视觉元素，除了能还原风光景物的本色，同时还能传递情感。不同的色彩可以创造不一样的情绪意境，烘托相应的气氛，色彩也是构成视频风格的重要元素。所以，在视频画面中，根据视频需要，调出相应的色调，这可以为视频增加亮点，让画面更有色彩节奏感。

079 调出暖色调，制造温暖感

暖色调的颜色包含红色、橙色、黄色和棕色等，在视觉上给人一种温暖、热情的感觉。这种色调适合用来表现明亮的情绪，使画面具有积极感。

效果对比 在拍摄夕阳西下的景物时，由于太阳光的作用，天空可能会泛黄，为了增强橙黄色的效果，可以在剪映中调出暖色调，让画面更温暖，效果对比如图9–1所示。

图9–1 效果对比

本效果的操作方法如下。

步骤 01 在剪映App中导入视频素材，❶选择视频；❷点击“调节”按钮，如图9–2所示。

步骤 02 ❶选择“色温”选项；❷设置参数为50，让黄面偏橙黄色，如图9–3所示。

步骤 03 ❶选择“饱和度”选项；❷设置参数为21，让橙黄色的色彩更加鲜艳些；❸点击☑按钮，如图9–4所示。

图9-2　点击“调节”按钮

图9-3　设置参数为50

图9-4　点击相应按钮

080　调出冷色调，营造清冷感

冷色调和暖色调是对立的，常见的冷色调色彩有蓝色、青色、绿色和紫色等，冷色调通常会传递出平静、通透、凉快的感觉，一般适合用在情绪偏低沉的视频中。

效果对比　冷色调适合用在海、湖、天空、森林等本色就是冷色的场景视频中，会营造出一种清冷感、疏离感，效果对比如图9-5所示。

图9-5　效果对比

本效果的操作方法如下。

步骤 01　在剪映App中导入视频素材，❶选择视频；❷点击“调节”按钮，如图9-6所示。

步骤 02　❶设置“色温”参数为-50，让画面偏浅蓝色；❷选择HSL选项，如图9-7所示。

步骤 03　弹出HSL面板，❶选择蓝色选项；❷设置“饱和度”参数为100，让蓝色的元素偏蓝些，如图9-8所示。

图9-6 点击"调节"按钮

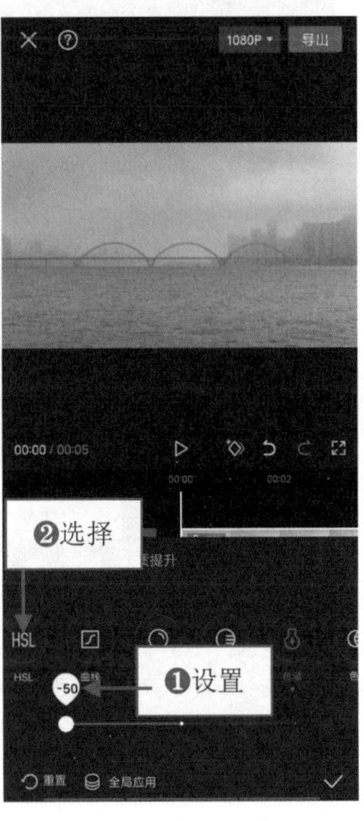

图9-7 选择HSL选项

图9-8 设置"饱和度"参数

081 调出高饱和色调，增强吸睛感

饱和度，主要指色彩的纯度，纯度越高，表现会越鲜明；纯度越低，表现就会越黯淡。高饱和度色调，可以在短时间内吸引观众的注意力。在自然界中，高饱和度颜色的物体，比如鲜艳的花朵、蘑菇、蛇、蛙，不仅可以吸引人的注意力，还可以起到警示的作用。

效果对比 在短视频平台中，如果视频的画面色彩黯淡，其播放量、点击率就不会太高。为了吸引观众，可以提升视频画面的色彩饱和度，效果对比如图9-9所示。

图9-9 效果对比

本效果的操作方法如下。

步骤 01 在剪映App中导入视频素材，❶选择视频；❷点击"调节"按钮，如图9-10所示。

步骤 02 设置“饱和度”参数为22，让画面色彩更鲜艳些，如图9–11所示。

图9–10　点击“调节”按钮

图9–11　设置“饱和度”参数

步骤 03 设置“亮度”参数为14，增加曝光，提亮暗部，如图9–12所示。

步骤 04 设置“光感”参数为12，提升明亮度，让画面色彩更鲜亮，如图9–13所示。

图9–12　设置“亮度”参数

图9–13　设置“光感”参数

082 调出低饱和色调，打造低调感

低饱和度与高饱和度相反，可以降低和削减色彩对情绪的影响，不仅可以让画面变得不张扬、不鲜亮，而且可以让观众产生舒缓、平衡的情绪，是一种比较低调和耐看的色调。

效果对比 在一些电影中，会刻意降低视频画面的饱和度，来配合人物的情绪。低饱和色调适合用于气氛比较沉静或阴郁的视频中，平静人心，效果对比如图9–14所示。

图9–14 效果对比

本效果的操作方法如下。

步骤 01 在剪映App中导入一段视频素材，❶选择视频；❷点击“调节”按钮，如图9–15所示。

步骤 02 设置“饱和度”参数为–13，让画面色彩变得黯淡，如图9–16所示。

步骤 03 设置“色温”参数为–12，让画面色彩偏冷色调，如图9–17所示。

图9–15 点击“调节”按钮

图9–16 设置“饱和度”参数

图9–17 设置“色温”参数

步骤 04 设置“色调”参数为-11，增加画面的绿调，如图9-18所示。

步骤 05 设置“对比度”参数为14，增加画面的明暗对比度，如图9-19所示。

图9-18　设置“色调”参数

图9-19　设置“对比度”参数

083 调出黑白色调，增强形象感

黑白色调相较于彩色色调，对画面的影调要求比较高。影调是控制画面明暗层次和虚实对比的重要因素，在黑白色调画面中，黑白灰的层次变化会成为画面中的重要因素。

效果对比 在剪映中，创作者可以通过添加黑白滤镜快速调出黑白色调，弱化环境，突出主体形象。滤镜可以帮助我们更好地控制画面的亮度和对比度，不过，不能选择画面过曝或过暗的视频，不然画面的色调和明度就没有层次感，效果对比如图9-20所示。

图9-20　效果对比

本效果的操作方法如下。

步骤 01 在剪映App中导入一段视频素材，在视频的起始位置点击“滤镜”按钮，如图9-21所示。

步骤 02 ❶切换至“黑白”选项卡；❷选择“褪色”滤镜；❸设置参数为100，增强滤镜效果；❹点击✓按钮，如图9-22所示。

步骤 03 完成上述操作后，即可为视频添加“褪色”黑白滤镜，滤镜的时长会自动对齐视频的时长，如图9-23所示。

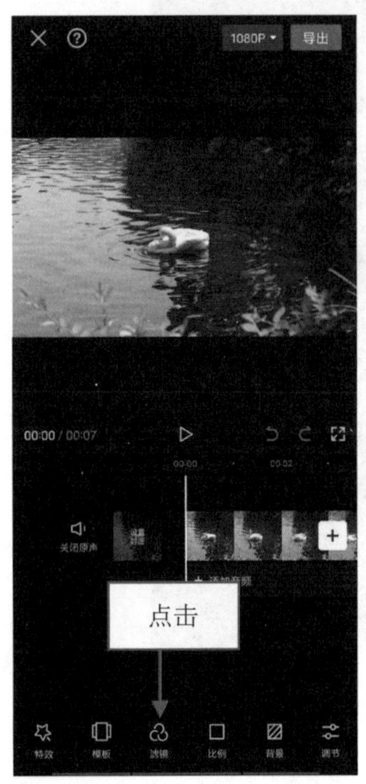

图9-21 点击“滤镜”按钮

图9-22 点击相应按钮

图9-23 添加“褪色”黑白滤镜

084 制作色彩对比，强化冲击感

色彩对比主要是指冷暖色的对比，比如红色、黄色、橙色与绿色、蓝色、青色等色彩的对比。制作色彩对比画面，可以增强视觉冲突感，营造出一种相互碰撞而又相互补充的氛围。

效果对比 本案例以青橙色调为主，介绍色彩对比的制作方法。在调色之前，需要选择有橙色或黄色的主体，还要有青色、蓝色或绿色元素的背景，这样制作起来才能更轻松，效果对比如图9-24所示。

图9-24 效果对比

本效果的操作方法如下。

步骤 01 在剪映App中导入一段视频素材，❶选择视频；❷点击“滤镜”按钮，如图9–25所示。

步骤 02 ❶切换至“影视级”选项卡；❷选择“青橙”滤镜；❸设置参数为100，增强滤镜效果，如图9–26所示。

图9–25　点击“滤镜”按钮

图9–26　设置参数为100

步骤 03 ❶切换至“调节”选项卡；❷设置“饱和度”参数为20，让画面色彩更鲜艳些；❸选择HSL选项，如图9–27所示。

步骤 04 ❶选择青色选项◎；❷设置“饱和度”参数为50，让青色色彩更浓郁些，如图9–28所示。

图9–27　选择HSL选项

图9–28　设置“饱和度”参数

085 调出粉紫色调，制造梦幻感

粉紫色调会带有一种独特的梦幻感，能让人感受到温柔的气息。这种色调对视频拍摄时间要求较高，最好在日出和日落时拍摄，如果在高空拍摄，画面会更震撼。

效果对比 由于视频是在日出或日落时拍摄的，画面曝光一般都是比较暗的，紫色的效果也不是很明显，需要在后期调整色彩，效果对比如图9–29所示。

图9–29 效果对比

本效果的操作方法如下。

步骤 01 在剪映App中导入视频，❶选择视频；❷点击“调节”按钮，如图9–30所示。

步骤 02 ❶设置“饱和度”参数为24，让色彩更鲜艳；❷选择HSL选项，如图9–31所示。

步骤 03 ❶选择蓝色选项；❷设置“色相”参数为80，让蓝色部分变成紫色，如图9–32所示。

图9–30 点击“调节”按钮

图9–31 选择HSL选项

图9–32 设置“色相”参数(1)

步骤 04 ❶选择红色选项；❷设置“色相”参数为–81，增强粉色区域，如图9–33所示。

步骤 05 ❶选择洋红色选项◎；❷设置“色相”参数为 –60、“饱和度”参数为 41，增强紫色区域；❸点击◎按钮，部分如图 9–34 所示。

步骤 06 设置“对比度”参数为 15，增强明暗对比度，让画面更清晰，如图 9–35 所示。

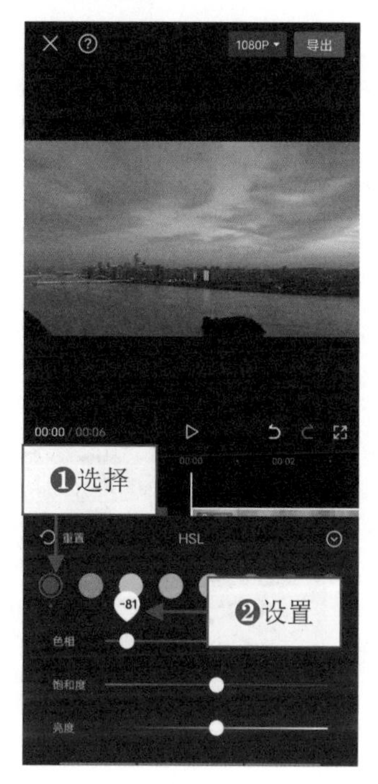

图 9–33　设置“色相”参数（2）

图 9–34　点击相应按钮

图 9–35　设置“对比度”参数

086　调出墨绿色调，增加沉稳感

墨绿色调，主要是在绿色中加入了浓郁的灰色调，就像郁郁苍苍的森林，充满了浓重和深沉感，也包含了蓬勃却内敛的生命力。墨绿色还可以很好地稳定情绪，缓解焦虑。

效果对比　墨绿色调的调色思路是将浅绿色调成墨绿色，这就需要降低绿色的亮度，并增加饱和度。在选择素材时，需要挑选绿色占比较大的视频，效果对比如图 9–36 所示。

图 9–36　效果对比

本效果的操作方法如下。

步骤 01 在剪映 App 中导入视频，❶选择视频；❷点击“滤镜”按钮，如图 9–37 所示。

步骤 02 ❶切换至“户外”选项卡；❷选择“倾森”滤镜；❸设置参数为100，增强滤镜效果，如图9-38所示。

步骤 03 ❶切换至“调节”选项卡；❷设置“色调”参数为-10，增加绿调，如图9-39所示。

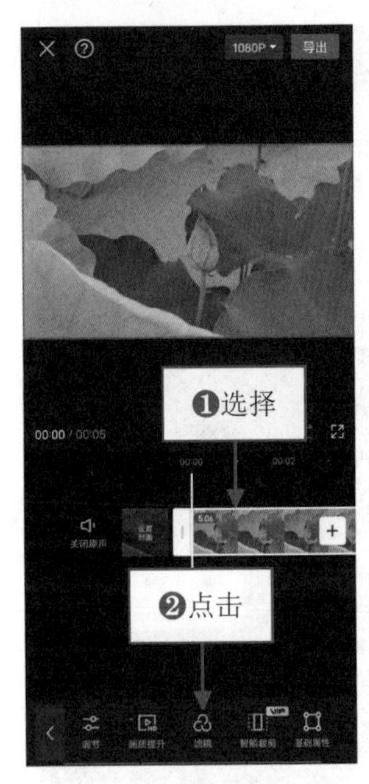

图9-37　点击“滤镜”按钮

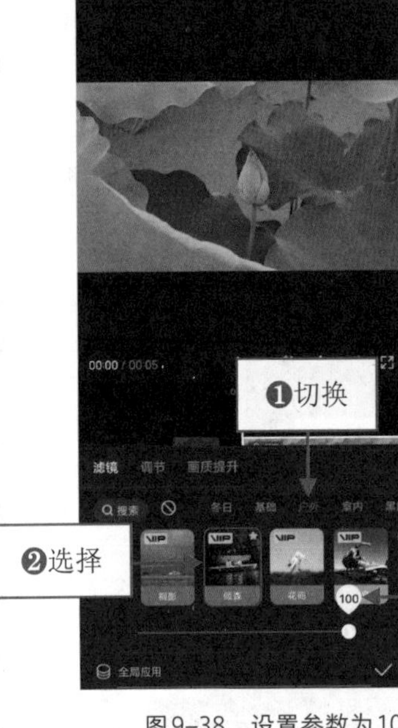

图9-38　设置参数为100

图9-39　设置“色调”参数

步骤 04 选择HSL选项，❶选择黄色选项◎；❷设置“色相”参数为29，减黄加绿，如图9-40所示。

步骤 05 ❶选择绿色选项◎；❷设置“色相”参数为80、“饱和度”参数为20、“亮度”参数为-50，增强墨绿色效果，如图9-41所示。

步骤 06 设置“对比度”参数为15，增强明暗对比度，让画面更清晰，如图9-42所示。

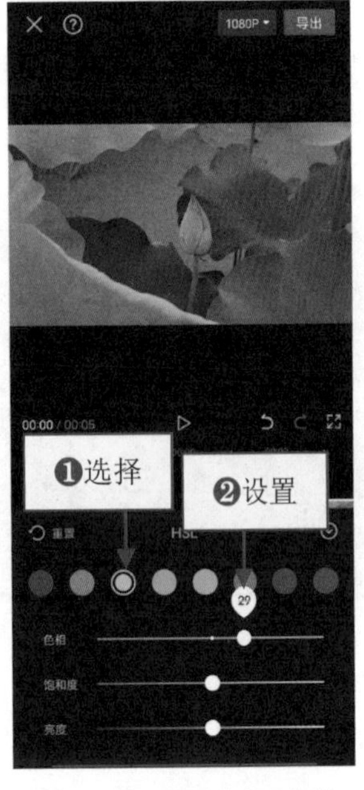

图9-40　设置“色相”参数

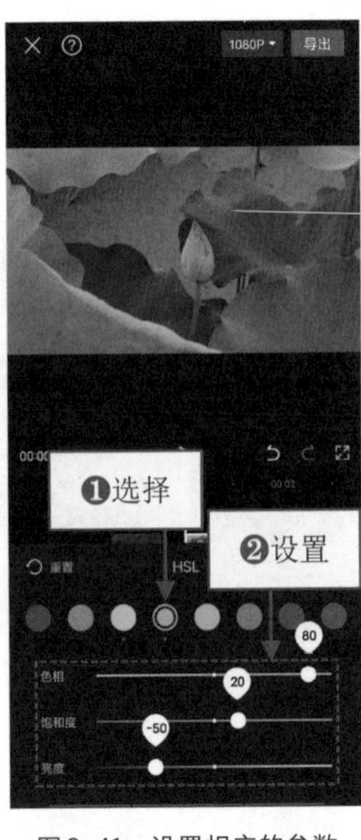

图9-41　设置相应的参数

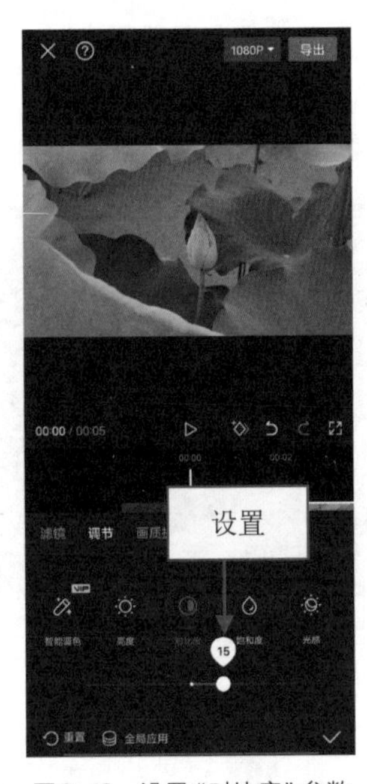

图9-42　设置“对比度”参数

087 调出日系色调，打造清新感

日系色调的特点是画面比较明亮，色调偏蓝或偏青，所以在调色的时候，需要增强光感，把画面调亮、色温调低，让画面变得通透起来，在一些小清新视频中常用这种色调。

效果对比　日系色调的调色思路是高明度、低对比度、低饱和度，构图比较简洁，给人一种通透柔和的感觉。在剪映中有日系风的滤镜，可以快速调色，效果对比如图9–43所示。

图9–43　效果对比

本效果的操作方法如下。

步骤 01　在剪映App中导入视频，❶选择视频；❷点击“滤镜”按钮，如图9–44所示。

步骤 02　❶切换至“春日”选项卡；❷选择“日和”滤镜；❸设置参数为63，减淡滤镜效果，如图9–45所示。

步骤 03　❶切换至“调节”选项卡；❷设置“色温”参数为–12，让绿色部分偏青色，如图9–46所示。

图9–44　点击“滤镜”按钮

图9–45　设置参数为63

图9–46　设置“色温”参数

088 调出夜景色调，增强浪漫感

在蓝调时刻拍摄的视频，会自带蓝色效果，但是由于城市灯光的影响，可能画面没那么简洁，这时就需要对夜景视频进行调色处理，让画面变得更加通透些。

效果对比 剪映中有许多夜景滤镜，根据视频的色彩特点添加合适的滤镜，就可以快速调出理想的画面色调，效果对比如图9–47所示。

图9–47 效果对比

本效果的操作方法如下。

步骤 01 在剪映App中导入视频，❶选择视频；❷点击“滤镜”按钮，如图9–48所示。

步骤 02 ❶切换至“夜景”选项卡；❷选择“仲夏夜”滤镜；❸设置参数为100，增强滤镜效果，如图9–49所示。

步骤 03 ❶切换至“调节”选项卡；❷设置“光感”参数为18，让画面变亮一些，如图9–50所示。

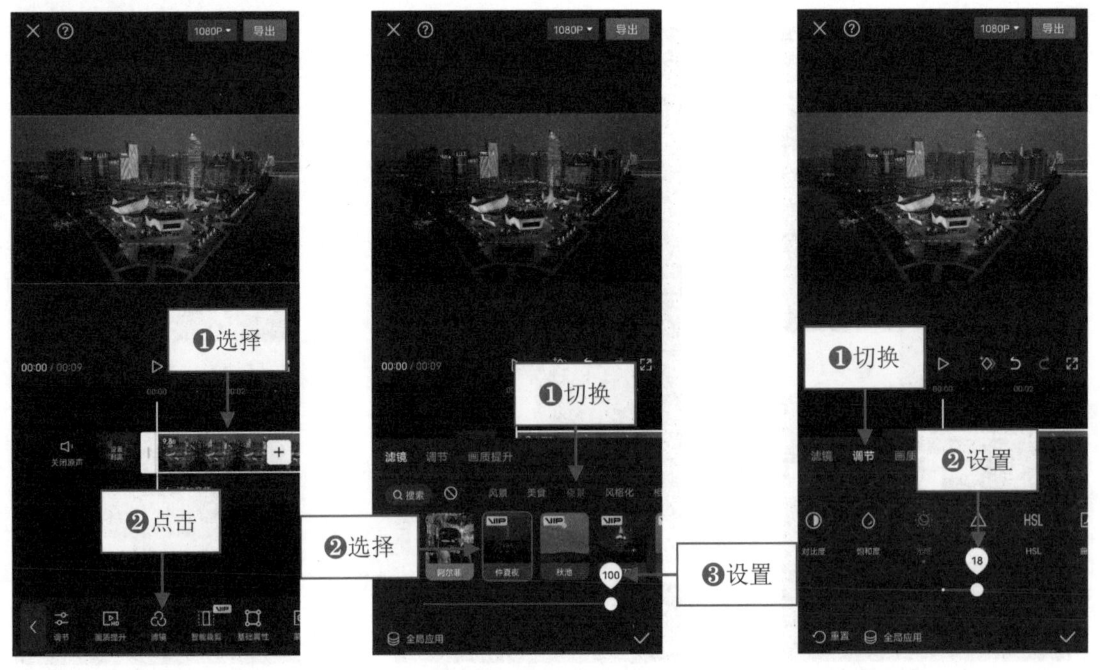

图9–48 点击“滤镜”按钮　图9–49 设置参数为100　图9–50 设置“光感”参数

089 调出美食色调，增加色泽感

对于美食博主而言，如何让美食视频中的食物变得更加诱人呢？调色是必不可少的。通常而言，黄色、橙色的食物会让人胃口大开，增加食欲，所以调色思路可以往这方面靠拢。

效果对比 剪映中的美食滤镜可以还原视频的质感、去除杂色，让食物不仅有色泽，令人垂涎欲滴，还能让画面具有高级感，效果对比如图 9–51 所示。

图 9–51 效果对比

本效果的操作方法如下。

步骤 01 在剪映 App 中导入一段视频素材，❶选择视频；❷点击“滤镜”按钮，如图 9–52 所示。

步骤 02 ❶切换至“美食”选项卡；❷选择“暖食”滤镜；❸设置参数为 100，增强滤镜效果，如图 9–53 所示。

图 9–52 点击“滤镜”按钮

图 9–53 设置参数为 100

步骤 03 ❶切换至“调节”选项卡；❷设置“色温”参数为 12，让画面偏暖色调，如图 9–54 所示。

步骤 04 设置“饱和度”参数为18，让食物的色彩更加鲜艳些，如图9-55所示。

步骤 05 设置“对比度”参数为10，增强明暗对比度，让画面更清晰，如图9-56所示。

图9-54 设置“色温”参数

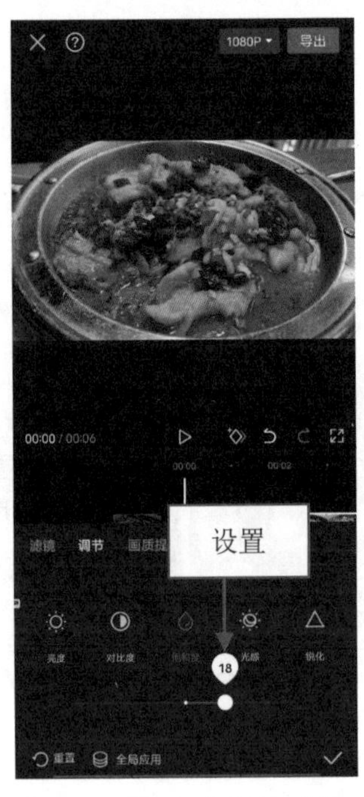

图9-55 设置“饱和度”参数

图9-56 设置“对比度”参数

090 调出雪景色调，打造清透感

在下雪时拍摄的视频，由于阴天光线的原因，画面没那么通透，可能还会带点灰。因此，为了让画面更通透，可以通过调色让画面偏冷色调，这样，雪景画面可以更干净。

图9-57 效果对比

效果对比 在剪映中调色之后，为了让雪景效果更好，可以添加自然特效中的下雪特效，打造银装素裹的效果，增加画面的吸引力和氛围感，效果对比如图9-57所示。

本效果的操作方法如下。

步骤 01 在剪映App中导入一段视频素材，❶选择视频；❷点击“滤镜”按钮，如图9-58所示。

步骤 02 ❶切换至“冬日”选项卡；❷选择“初冷”滤镜；❸设置参数为100，增强滤镜效果，如图9-59所示。

步骤 03 点击☑按钮，回到一级工具栏，点击“特效”按钮，如图9-60所示。

图9–58　点击“滤镜”按钮

图9–59　设置参数为100

图9–60　点击“特效”按钮

步骤 04 在弹出的二级工具栏中点击“画面特效”按钮，如图9–61所示。

步骤 05 ❶切换至“自然”选项卡；❷选择“飘雪”特效；❸点击☑按钮，如图9–62所示，添加下雪特效，增加氛围感。

步骤 06 调整“飘雪”特效的时长，使其对齐视频的末尾位置，如图9–63所示。

图9–61　点击“画面特效”按钮

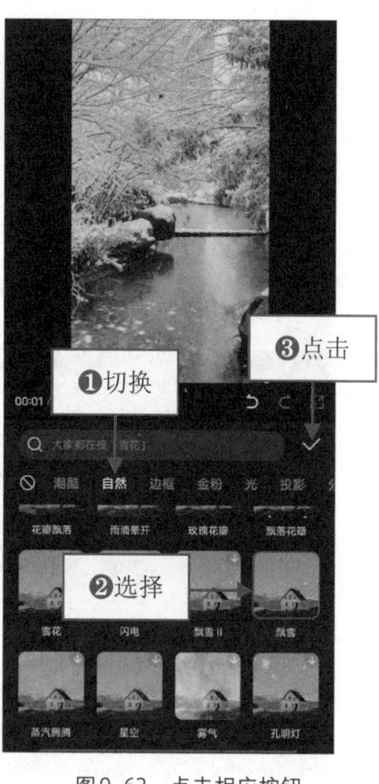

图9–62　点击相应按钮

图9–63　调整“飘雪”特效的时长

091 调出粉樱色调，自带春日感

在春天的时候，仰拍的樱花由于曝光的原因，可能展示不全它原有的色彩，可以在后期进行调色，让白色的樱花变得更加粉嫩，增加春日感。

效果对比 在晴天拍摄的樱花视频，如果以天空为背景，蓝色和粉色就会成为视频的主色调，所以在调色的时候，需要增加粉色和青蓝色的色彩，效果对比如图9–64所示。

图9–64 效果对比

本效果的操作方法如下。

步骤 01 在剪映App中导入视频，❶选择视频；❷点击“滤镜”按钮，如图9–65所示。

步骤 02 ❶切换至“春日”选项卡；❷选择“漫樱”滤镜；❸设置参数为100，增强滤镜效果，如图9–66所示。

步骤 03 ❶切换至“调节”选项卡；❷设置“色温”参数为–12，增强冷调，如图9–67所示。

图9–65 点击“滤镜”按钮

图9–66 设置参数为100

图9–67 设置“色温”参数

步骤 04 设置“色调”参数为 -6，让画面微微偏绿调，如图 9-68 所示。

步骤 05 ❶设置“饱和度”参数为 15，让色彩变得鲜艳；❷选择 HSL 选项，如图 9-69 所示。

步骤 06 ❶选择红色选项；❷设置“色相”参数为 -100，让樱花更粉，如图 9-70 所示。

图 9-68　设置“色调”参数

图 9-69　选择 HSL 选项

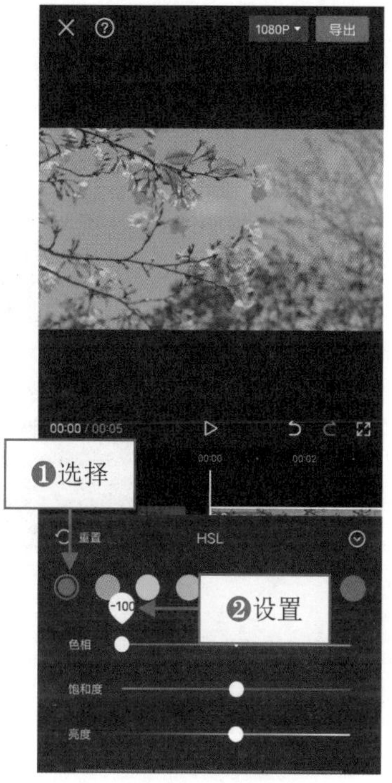

图 9-70　设置“色相”参数（1）

步骤 07 ❶选择绿色选项；❷设置“色相”参数为 34，让绿色部分偏青色，如图 9-71 所示。

步骤 08 ❶选择蓝色选项；❷设置“色相”参数为 -37，让天空偏青蓝色；❸点击按钮，如图 9-72 所示。

图 9-71　设置“色相”参数（2）

图 9-72　点击相应按钮

092 调出油画色调，打造复古感

油画具有色彩丰富、厚重、有光泽等特点。在调色的时候，可以增加画面的色彩饱和度和颗粒感，让画面像油画一般，仿佛手绘出来的。

效果对比 通常情况下，含有花朵、树木、水面、静物等影像的视频，都可以调出油画色调，这样主体更有颗粒感，也不会影响画面质感，效果对比如图9–73所示。

图9–73 效果对比

本效果的操作方法如下。

步骤 01 在剪映App中导入视频，❶选择视频；❷点击“滤镜”按钮，如图9–74所示。

步骤 02 ❶切换至“风景”选项卡；❷选择“矿野”滤镜；❸设置参数为100，增强滤镜效果，如图9–75所示。

步骤 03 ❶切换至“调节”选项卡；❷设置“对比度”参数为11，增加画面的明暗对比度，如图9–76所示。

图9–74 点击“滤镜”按钮

图9–75 设置参数为100

图9–76 设置“对比度”参数

步骤 04 设置“光感”参数为 -10，降低曝光，让画面变暗一些，如图 9-77 所示。

步骤 05 ❶设置“颗粒”参数为 40，增加颗粒感；❷点击☑按钮，如图 9-78 所示。

步骤 06 在起始位置依次点击“特效”和“画面特效”按钮，如图 9-79 所示。

图 9-77　设置“光感”参数

图 9-78　点击相应按钮（1）

图 9-79　点击“画面特效”按钮

步骤 07 ❶切换至“纹理”选项卡；❷选择“磨砂纹理”特效；❸点击☑按钮，如图 9-80 所示。

步骤 08 调整“磨砂纹理”特效的时长，使其对齐视频的末尾位置，如图 9-81 所示。

图 9-80　点击相应按钮（2）

图 9-81　调整特效的时长

第10章 8个技巧，把握字幕的节奏感

字幕作为视频画面中必不可少的一个元素，如何设计和排版，使其节奏感与视频画面相配合？这需要一些技巧。字幕看起来是很小的，但是作为细节部分，如果处理不好，就会影响短视频的播放量。比如，如果竖拍视频画面中的字幕没有放在画面中间，而是放在画面下方，就会被视频的标题文案挡住，影响观众的观看和阅读，引起不适。如何让字幕具有节奏感呢？本章将为大家介绍相关的制作技巧。

093 根据视频风格添加字幕，带来贴合感

不同风格的视频，添加的字幕风格也要不同，这样可以让字幕更贴合画面，增加视频的精致度。在剪映的“文字模板”选项卡中，有旅行、游戏、简约、科技感等字幕模板，创作者可以快速为视频添加不同风格的字幕。

效果展示 在添加文字模板时，创作者可以更改字幕内容，也可以调整字幕的大小和位置，把字幕放在合适的位置（最好放在无主体的背景留白处），效果展示如图10–1所示。

图10–1 效果展示

本效果的操作方法如下。

步骤 01 在剪映App中导入视频，在6s左右的位置点击“文字”按钮，如图10–2所示。

步骤 02 在弹出的二级工具栏中点击“文字模板”按钮，如图10–3所示。

步骤 03 ❶切换至“旅行”选项卡；❷选择一款文字模板；❸调整字幕的画面大小和位置；❹点击☑按钮，如图10–4所示。

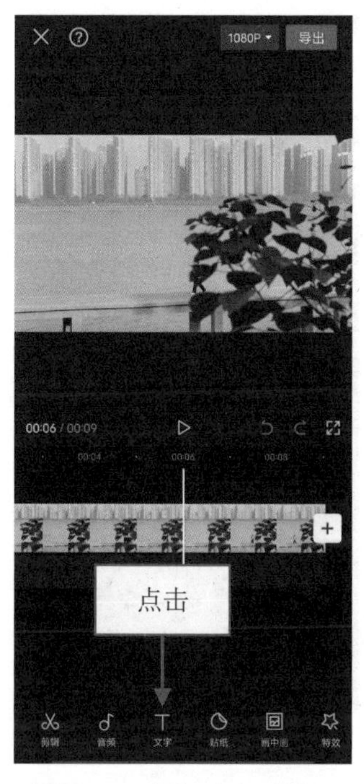

图10–2　点击“文字”按钮

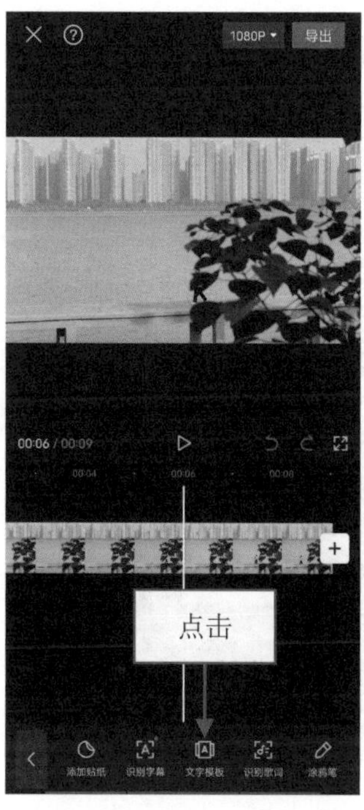

图10–3　点击“文字模板”按钮

图10–4　点击相应按钮

094　为字幕添加贴纸，缓解视觉疲劳

剪映中的贴纸库内容非常丰富，无论是文字还是卡通形象贴纸，都应有尽有。为视频添加贴纸，可以渲染出相应的氛围和突出主题。比如，在旅游风景视频中添加一些与地方文化相关的贴纸，可以增加独特的当地风情韵味；或在生活记录视频中加入一些搞笑可爱的贴纸，可以增加观赏性和趣味性。

效果展示　如果视频只有字幕，画面就会比较单调，但是在视频字幕周围添加合适的贴纸，就可以让观众放松心情，缓解视觉疲劳，效果展示如图 10–5 所示。

图10–5　效果展示

本效果的操作方法如下。

步骤 01　在剪映 App 中导入视频素材，点击“文字”按钮，如图 10–6 所示。

步骤 02　在弹出的二级工具栏中点击“新建文本”按钮，如图 10–7 所示。

步骤 03　❶输入字幕内容；❷在“基础”选项卡中选择合适的字体，如图 10–8 所示。

图10-6　点击“文字”按钮

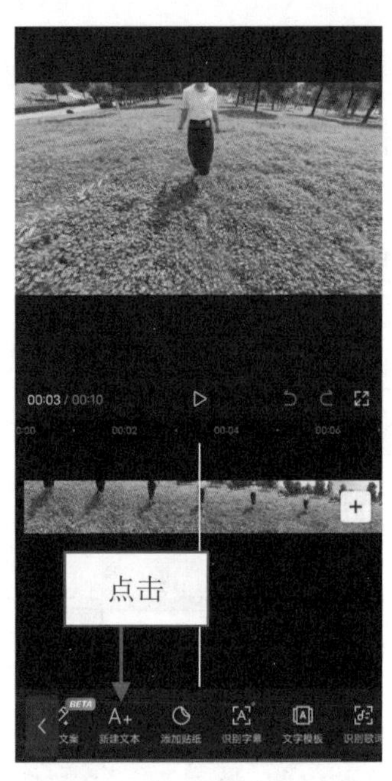

图10-7　点击“新建文本”按钮

图10-8　选择合适的字体

步骤 04 ❶调整字幕的大小和位置；❷切换至“动画”|“循环”选项卡；❸选择“摇摆I”动画；❹设置动画快慢参数为2.5s，让文字慢慢摇摆；❺点击✓按钮，如图10-9所示。

步骤 05 ❶调整字幕的时长，使其对齐视频的末尾位置；❷在字幕的起始位置点击“添加贴纸”按钮，如图10-10所示。

步骤 06 ❶切换至“春日”选项卡；❷选择太阳贴纸；❸调整贴纸的大小和位置；❹点击✓按钮，如图10-11所示。

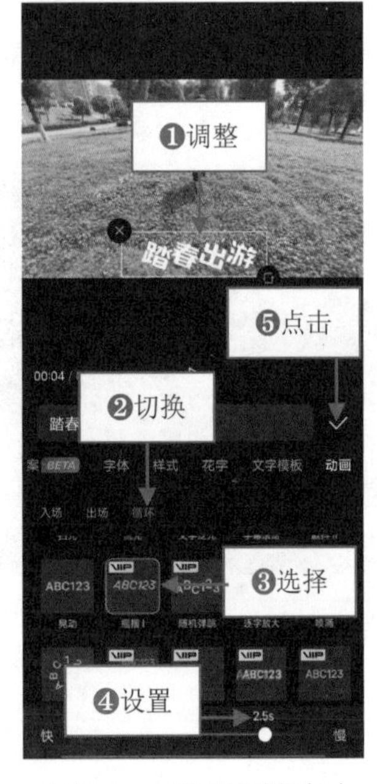

图10-9　点击相应按钮（1）

图10-10　点击“添加贴纸”按钮（1）

图10-11　点击相应按钮（2）

步骤 07 继续在字幕的起始位置点击“添加贴纸”按钮，如图10-12所示。

步骤 08 ❶在“小熊春游记”选项卡中选择小熊贴纸；❷点击☑按钮，如图 10–13 所示。

步骤 09 ❶调整小熊贴纸的大小和位置；❷调整两段贴纸的时长，使其对齐视频的末尾位置，如图 10–14 所示。

图 10–12　点击“添加贴纸”按钮（2）

图 10–13　点击相应按钮（3）

图 10–14　调整两段贴纸的时长

用户可以在贴纸商店通过搜索关键词下载和添加贴纸选项卡。

095　添加字幕边框，制造对比感

在剪映中添加字幕的时候，需要注意字体的版权，尽量使用可商用的字体。一般而言，剪映添加的字幕都是默认无边框的，为了制造对比感，让字幕更吸睛，可以为字幕添加边框。

效果展示　在剪映中，除了可以添加横向排列的字幕，还可以添加纵向排列的字幕。在添加边框时，边框颜色尽量要与背景相贴合，可以添加与背景元素颜色相同的边框。比如，背景中有些元素是红色的，就可以添加红色的边框，效果展示如图 10–15 所示。

图 10–15　效果展示

本效果的操作方法如下。

步骤 01 在剪映App中导入一段视频素材，依次点击“文字”和“新建文本”按钮，如图10-16所示。

步骤 02 ❶输入字幕内容；❷在“字体”|“热门”选项卡中选择字体，如图10-17所示。

步骤 03 ❶切换至“样式”选项卡；❷选择红色边框样式，添加边框，如图10-18所示。

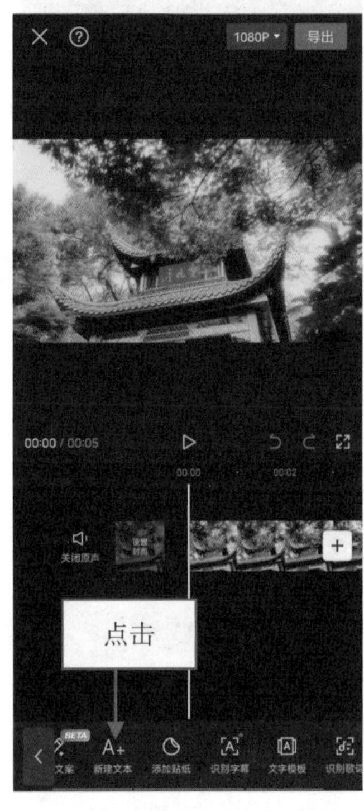

图10-16 点击“新建文本”按钮

图10-17 选择字体

图10-18 选择红色边框样式

步骤 04 ❶切换至“排列”选项卡；❷选择第4个竖排选项，改变排列样式；❸调整字幕的大小和位置；❹点击☑按钮，如图10-19所示。

步骤 05 调整字幕的时长，使其对齐视频的末尾位置，如图10-20所示。

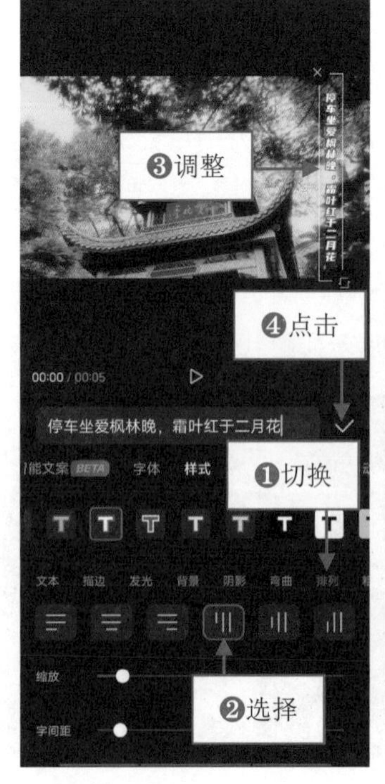

图10-19 点击相应按钮

图10-20 调整字幕的时长

096 添加字幕动画，营造变化感

一般而言，在后期软件中添加的字幕都是静态的，为了让字幕动起来，可以为字幕添加动画，制作动态效果，让字幕具有变化感。这样的字幕形式不仅具有创意，还可以在视频开头吸引观众。

效果展示　剪映中的动画有"入场""出场"和"循环"3种类型，即字幕出现、消失和周而复始的动画。本次主要添加"入场"和"出场"动画，效果展示如图10-21所示。

图10-21　效果展示

本效果的操作方法如下。

步骤 01 在剪映App中导入视频素材，点击"文字"按钮，如图10-22所示。

步骤 02 在弹出的二级工具栏中点击"新建文本"按钮，如图10-23所示。

步骤 03 ❶输入字幕内容；❷在"书法"选项卡中选择合适的字体，如图10-24所示。

步骤 04 ❶切换至"动画"选项卡；❷选择"拖尾"入场动画；❸设置动画时长为1.5s，增加动画展示的时间，如图10-25所示。

步骤 05 ❶切换至"出场"选项卡；❷选择"渐隐"动画；❸点击✓按钮，让字幕以黑屏的形式消失，如图10-26所示。

图10-22　点击"文字"按钮

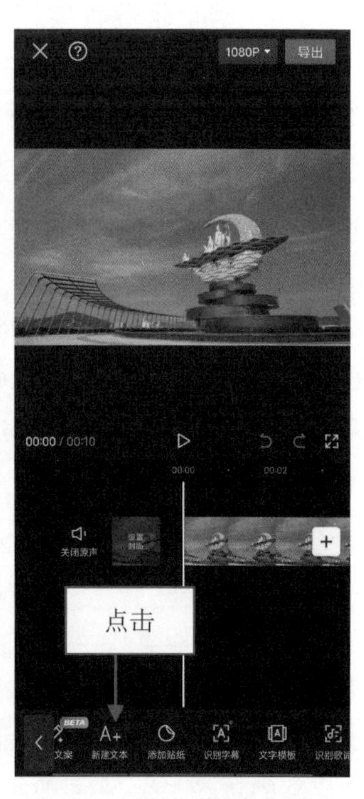

图10-23　点击"新建文本"按钮

图10-24 选择合适的字体

图10-25 设置动画时长

图10-26 点击相应按钮（1）

步骤 06 ❶设置字幕的时长为5s；❷点击“复制”按钮，如图10-27所示，复制该段字幕。

步骤 07 ❶选择复制后的字幕；❷点击“编辑”按钮，如图10-28所示。

步骤 08 ❶更改字幕内容；❷点击✓按钮，如图10-29所示，剩下的“起”和“航”字也用同样的方法添加。

步骤 09 ❶调整4段字幕的大小和位置，进行排版；❷点击“复制”按钮，如图10-30所示，复制4段字幕。

步骤 10 ❶调整复制后的4段字幕的轨道位置；❷更改相应的字幕内容，如图10-31所示。

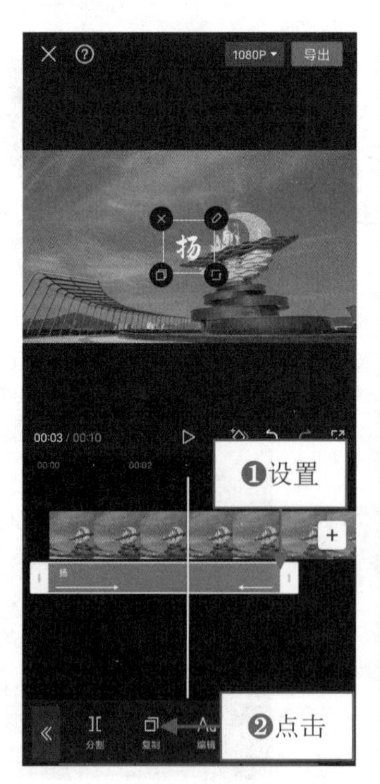

图10-27 点击“复制”按钮（1）

图10-28 点击“编辑”按钮

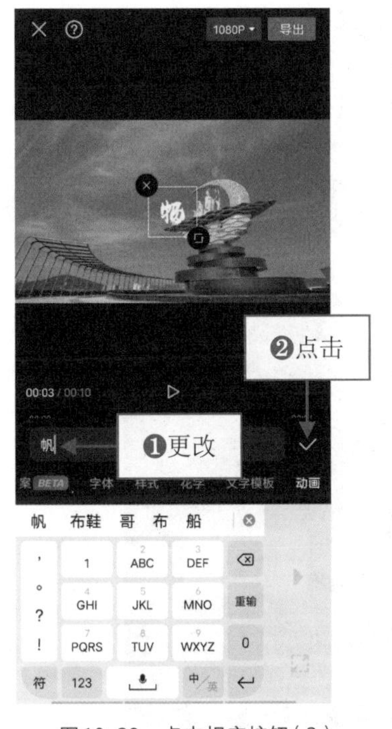

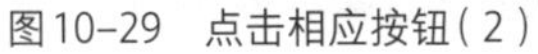
图10–29　点击相应按钮（2）

图10–30　点击“复制”按钮（2）

图10–31　更改字幕内容

097　更改字幕颜色，产生色彩感

在后期软件中添加的字幕，默认的颜色一般是白色或是黑色，看起来比较单调。在更改字幕颜色的时候，可以根据对比色或相邻色原则，设置与视频画面相反或类似的颜色，这样才能让字幕不仅具有色彩感，还具有观赏性。

效果展示　如果视频中含有橘黄色的树木，在更改字幕颜色的时候，就可以把字幕的颜色更改为橘黄色。但需要注意的是，字幕的颜色尽量不要与字幕底下的背景颜色相同，不然字幕和背景融合在一起，就会看不清楚，效果展示如图10–32所示。

图10–32　效果展示

本效果的操作方法如下。

步骤 01　在剪映App中导入视频素材，依次点击“文字”和“新建文本”按钮，如图10–33所示。

步骤 02　❶输入字幕内容；❷在“复古”选项卡中选择合适的字体，如图10–34所示。

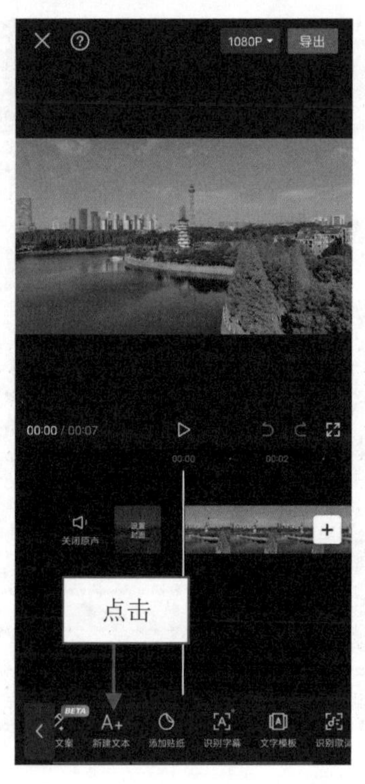

图10-33 点击“新建文本”按钮

图10-34 选择合适的字体

步骤 03 ❶切换至“样式”|“排列”选项卡；❷选择第4个竖排选项，改变排列样式；❸调整字幕的位置，如图10-35所示。

步骤 04 ❶切换至“动画”选项卡；❷选择“逐字显影”入场动画；❸点击☑按钮，如图10-36所示。

图10-35 调整字幕的位置

图10-36 点击相应按钮（1）

步骤 05 ❶调整字幕的时长，使其对齐视频的末尾位置；❷点击“复制”按钮，如图 10–37 所示。

步骤 06 复制字幕，❶选择复制后的字幕；❷点击“编辑”按钮，如图 10–38 所示。

步骤 07 ❶更改字幕内容；❷调整字幕的位置；❸在“样式”选项卡中选择橘黄色色块，更改字幕的颜色；❹点击✓按钮，如图 10–39 所示。

图 10–37　点击“复制”按钮

图 10–38　点击“编辑”按钮

图 10–39　点击相应按钮（2）

098　调整字幕大小，打造主次感

在添加多段字幕的时候，可能不同的字幕所表达的信息含量是不同的，根据信息含量的排位，调整每段字幕的大小，让画面有主次感。如果它们是同时出现在画面中，需要保持颜色或字体的一致，这样画面会更和谐。

效果展示　在剪映中，双指向内或向外拖曳文本框，就可以调整字幕的大小；单指长按文本框并拖曳至相应位置，就可以调整字幕的位置，效果展示如图 10–40 所示。

图 10–40　效果展示

本效果的操作方法如下。

步骤 01 在剪映App中导入视频素材，点击“文字”按钮，如图10-41所示。

步骤 02 在弹出的二级工具栏中点击“新建文本”按钮，如图10-42所示。

步骤 03 ❶输入文本内容；❷在“书法”选项卡中选择合适的字体，如图10-43所示。

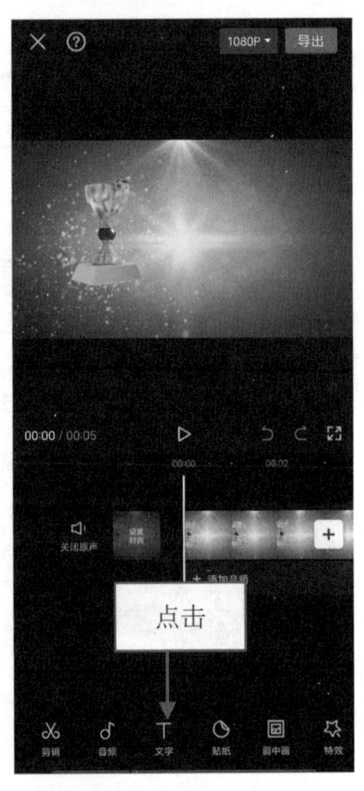

图10-41 点击“文字”按钮

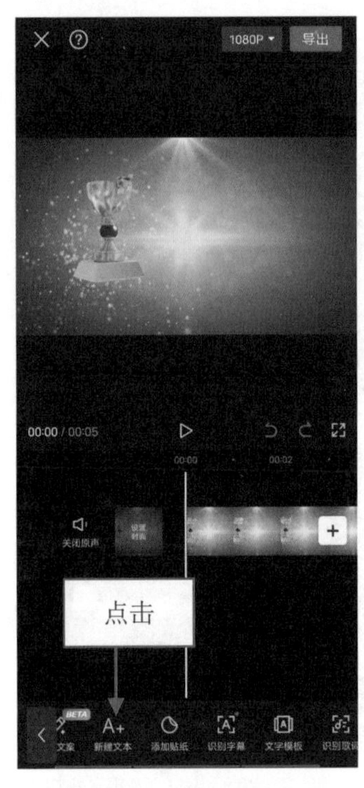

图10-42 点击“新建文本”按钮

图10-43 选择合适的字体

步骤 04 ❶切换至“花字”|“黄色”选项卡；❷选择一款花字，如图10-44所示。

步骤 05 ❶切换至“动画”选项卡；❷选择“随机飞入”入场动画；❸设置动画时长为2.0s；❹点击✓按钮，如图10-45所示。

步骤 06 ❶调整文本的大小和位置；❷点击“复制”按钮，如图10-46所示，复制字幕。

步骤 07 ❶调整复制后的字幕的起始位置，使其处于视频2s左右的位置；❷点击“编辑”按钮，如图10-47所示。

步骤 08 ❶更改字幕内容；❷在“复古”选项卡中选择字体，更改字体，如图10-48所示。

图10-44 选择一款花字

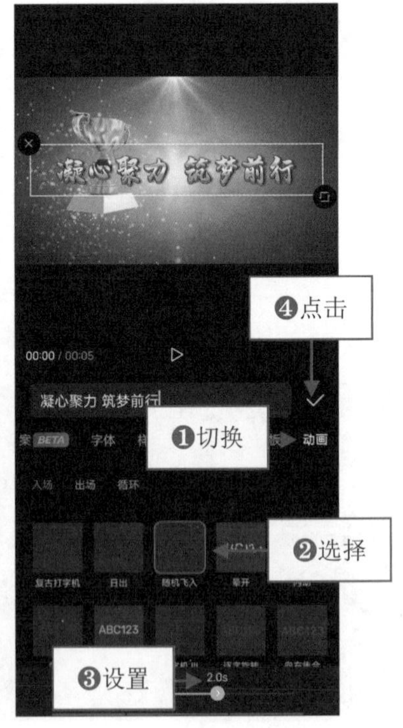

图10-45 点击相应按钮（1）

图10-46　点击“复制”按钮

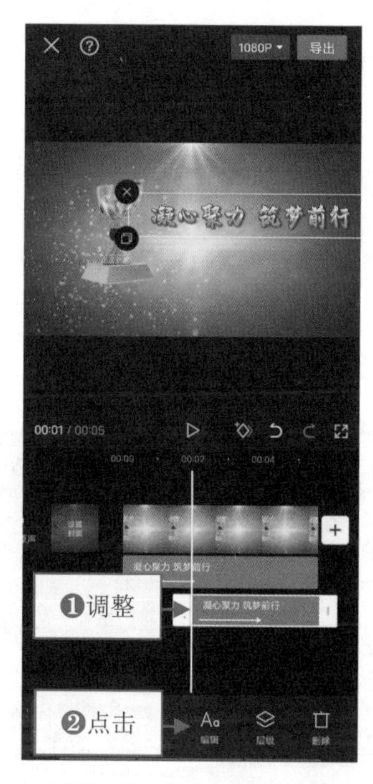

图10-47　点击“编辑”按钮

图10-48　选择字体

步骤 09　❶切换至“样式”|“排列”选项卡；❷设置“字间距”参数为2，增加文字之间的距离，如图10-49所示。

步骤 10　❶切换至“动画”选项卡；❷选择“轻微放大”入场动画；❸点击✓按钮，如图10-50所示。

步骤 11　❶调整两段字幕的大小和位置，让排版具有主次感；❷调整两段字幕的时长，使其对齐视频的末尾位置，如图10-51所示。

图10-49　设置相应的参数

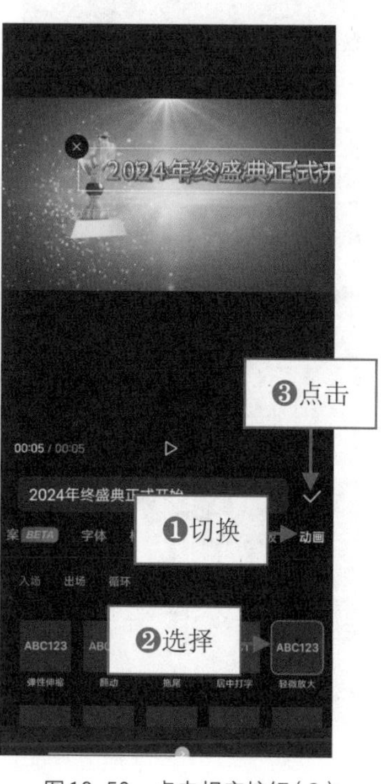

图10-50　点击相应按钮（2）

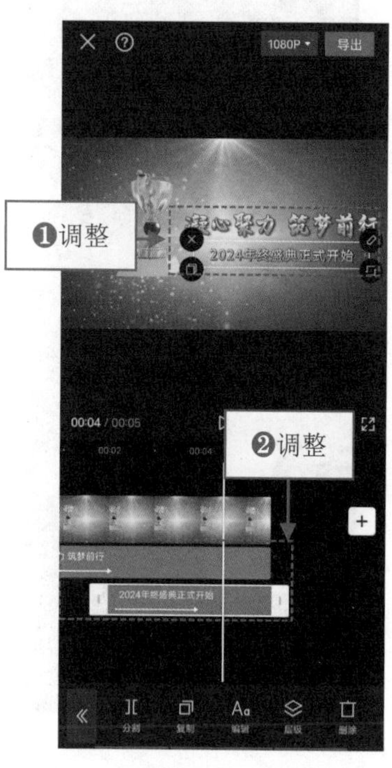

图10-51　调整两段字幕的时长

099 调整字幕占比，形成轻重感

字幕占比主要是指在一段短视频中，多段字幕各自的时长占比。一般而言，字幕字数多，那么时长就会长一些；字幕字数少，时长就会短一些。为了让画面具有轻重节奏感，可以根据视频的音乐或画面调整字幕的字数和时长。

效果展示 为了让字幕看起来更高级，可以添加中文字幕的英文翻译字幕，这样画面的质感会上升，不过需要注意排版，使其具有艺术感，效果展示如图10-52所示。

图10-52 效果展示

本效果的操作方法如下。

步骤 01 在剪映App中导入视频，点击“文字”按钮，如图10-53所示。

步骤 02 在弹出的二级工具栏中点击“文字模板”按钮，如图10-54所示。

步骤 03 ❶切换至“简约”选项卡；❷选择一款文字模板；❸更改中文内容；❹点击⇅按钮，如图10-55所示。

图10-53 点击“文字”按钮

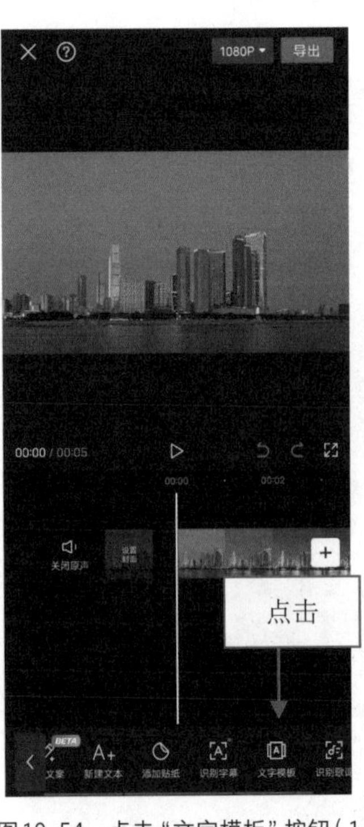

图10-54 点击“文字模板”按钮（1）

图10-55 点击相应按钮（1）

步骤 04 ❶更改英文内容；❷调整字幕的大小和位置；❸点击✓按钮，如图 10–56 所示。

步骤 05 ❶调整字幕的时长，使其末尾位置处于视频 4s 左右的位置；❷在字幕的末尾位置点击"文字模板"按钮，如图 10–57 所示。

步骤 06 ❶切换至"片头标题"选项卡；❷选择一款文字模板；❸更改中文内容；❹点击按钮，如图 10–58 所示。

步骤 07 ❶更改字幕内容；❷点击✓按钮，部分如图 10–59 所示。

步骤 08 ❶调整字幕的时长，使其末尾位置对齐视频的末尾位置；❷调整字幕的大小和位置，如图 10–60 所示。

图 10–56　点击相应按钮（2）

图 10–57　点击"文字模板"按钮（2）

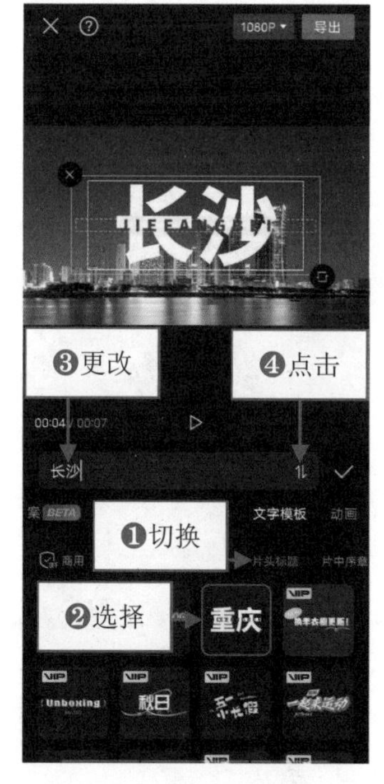

图 10–58　点击相应按钮（3）

图 10–59　点击相应按钮（4）

图 10–60　调整字幕的大小和位置

100　调整字幕排版，讲究疏密感

对于排版而言，可以根据段落来调整。段落中的字较少，字就可以调大，排版可以松散一些；如果段落中的字较多，字就可以调小，排版可以紧密一些。遵循有松有紧的字幕排版原则，画面看起来更舒适。

效果展示 在剪映中，如果文字颜色与背景融合在一起了，就可以为字幕添加背景，背景颜色最好是字幕的对比色，这样可以更好地突出字幕，效果展示如图10-61所示。

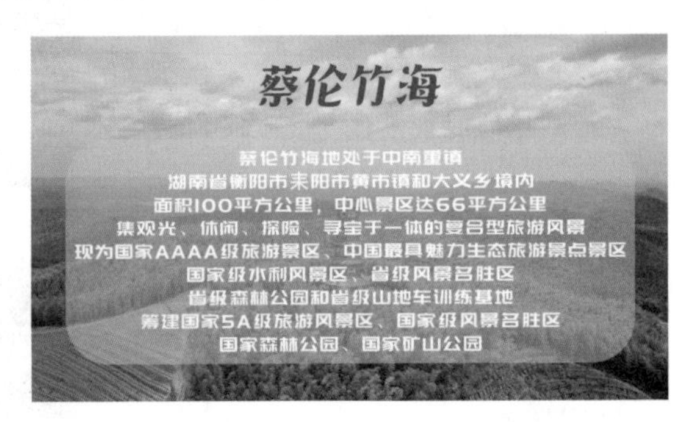

图10-61 效果展示

本效果的操作方法如下。

步骤 01 在剪映App中导入视频，点击“文字”按钮，如图10-62所示。

步骤 02 在弹出的二级工具栏中点击“新建文本”按钮，如图10-63所示。

步骤 03 ❶输入字幕内容；❷在“创意”选项卡中选择字体，如图10-64所示。

图10-62 点击“文字”按钮

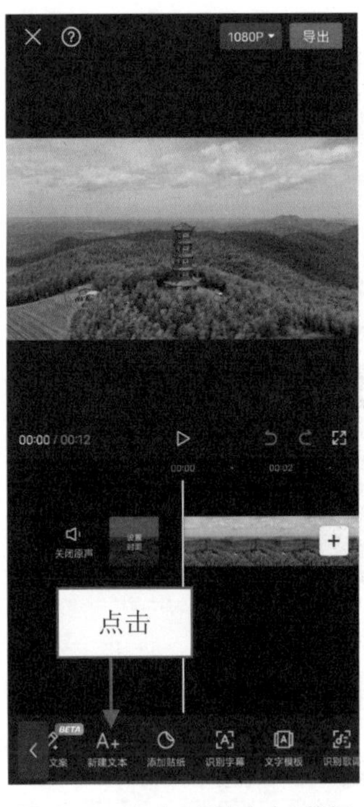

图10-63 点击“新建文本”按钮

图10-64 选择字体（1）

步骤 04 ❶切换至“样式”|“文本”选项卡；❷选择深红色色块，更改字幕的颜色；❸点击☑按钮，如图10-65所示。

步骤 05 ❶调整字幕的时长，使其末尾位置对齐视频的末尾位置；❷调整字幕的大小和位置；❸点击“复制”按钮，如图10-66所示。

图 10-65　点击相应按钮（1）

图 10-66　点击"复制"按钮

步骤 06　复制字幕，❶调整复制后的字幕的时长，使其起始位置处于视频 2s 左右的位置；❷点击"编辑"按钮，如图 10-67 所示。

步骤 07　❶更改字幕内容；❷在"创意"选项卡中选择字体，更改字体，如图 10-68 所示。

步骤 08　❶切换至"样式"|"文本"选项卡；❷选择白色色块，更改字幕的颜色，如图 10-69 所示。

图 10-67　点击"编辑"按钮

图 10-68　选择字体（2）

图 10-69　选择白色色块

步骤 09 ❶切换至“排列”选项卡；❷设置“字间距”参数为2、“行间距”参数为3，增加文字之间、行与行之间的距离，如图10-70所示。

步骤 10 ❶调整字幕的大小和位置；❷切换至“背景”选项卡；❸选择第1个背景；❹选择浅灰色色块；❺设置“透明度”参数为50%；❻点击✔按钮，如图10-71所示。

图10-70 设置相应的参数

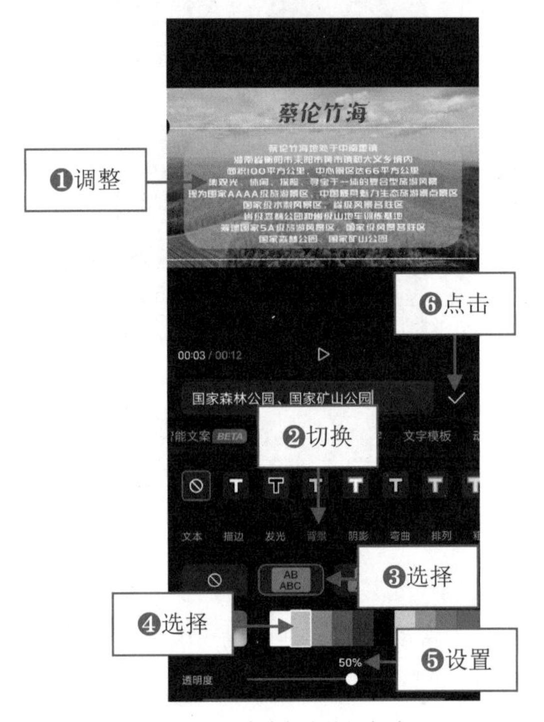

图10-71 点击相应按钮（2）

第11章 8个技巧，掌握片头片尾的节奏感

有创意的短视频片头可以吸引观众继续观看视频，这也是让视频吸引人的第一步。视频片尾则起着烘托和升华主题的作用，一个好看的片尾可以起着展示艺术效果、渲染氛围的作用。在制作片头片尾的时候，需要根据视频类型来制作节奏和风格相同的效果，这样才能起到相辅相成的作用。如何制作有节奏感的片头片尾呢？本章将为大家进行相应的介绍。

101 制作带货片头，提升质量感

直播带货、视频带货是非常受欢迎的，如何在带货视频的开头就吸引观众呢？一个高质量的片头是必不可少的。在制作带货片头时，文案是非常重要的，产品名称、卖点一定要简洁且易懂，还有片头尽量挑选画质高清、主体突出的画面。

效果展示 在剪映的文字模板中，有许多好物种草模板，创作者只需更改相应的文案内容，就可以制作出精美的片头效果，效果展示如图11–1所示。

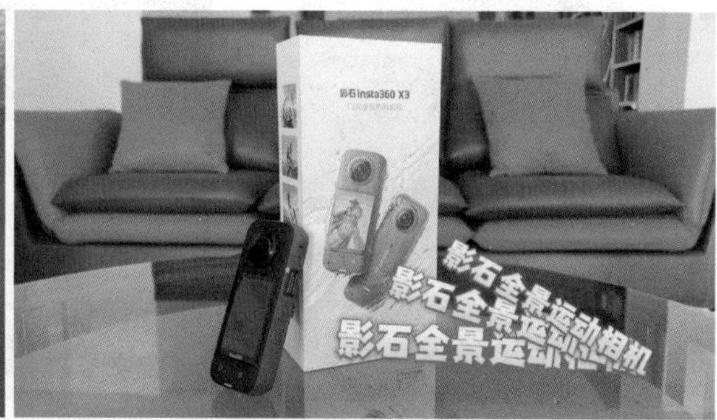

图11–1 效果展示

本效果的操作方法如下。

步骤 01 在剪映App中导入两段视频，❶选择第2段视频；❷点击“切画中画”按钮，把视频素材切换至画中画轨道中，并调整素材的轨道位置；❸在素材的起始位置点击◇按钮，添加关键帧；❹点击“蒙版”按钮，如图11–2所示。

步骤 02 ❶选择“镜面”蒙版；❷调整蒙版的角度和位置，使其斜向居中，如图11–3所示。

步骤 03 ❶拖曳时间轴至视频轨道中素材的末尾位置；❷调整蒙版的大小和位置，把第2段素材画面展示完全；❸点击✓按钮，如图11–4所示。

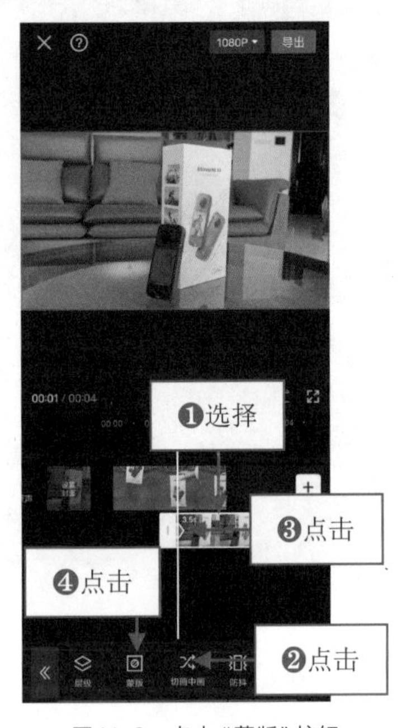

图11-2 点击"蒙版"按钮

图11-3 调整蒙版的角度和位置

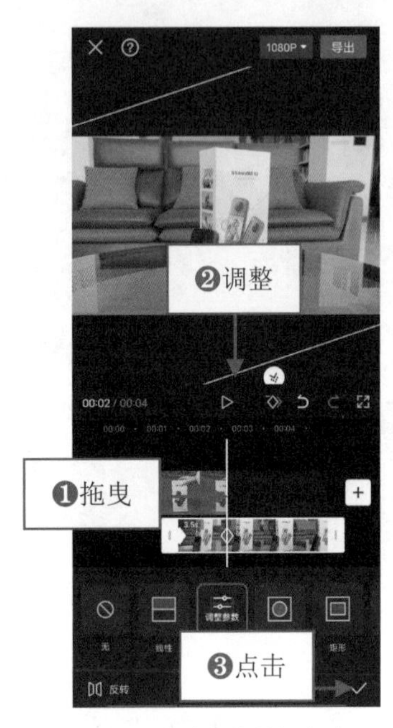

图11-4 点击相应按钮(1)

步骤 04 在视频的起始位置依次点击"文字"和"文字模板"按钮，如图11-5所示。

步骤 05 ❶切换至"好物种草"选项卡；❷选择一款文字模板；❸更改部分字幕内容；❹点击✓按钮，如图11-6所示。

步骤 06 ❶调整字幕的时长，使其末尾位置处于视频1s的位置；❷调整字幕的大小和位置，如图11-7所示。

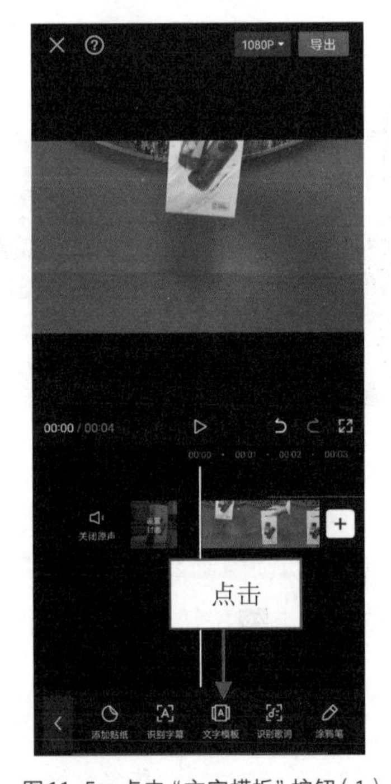

图11-5 点击"文字模板"按钮(1)

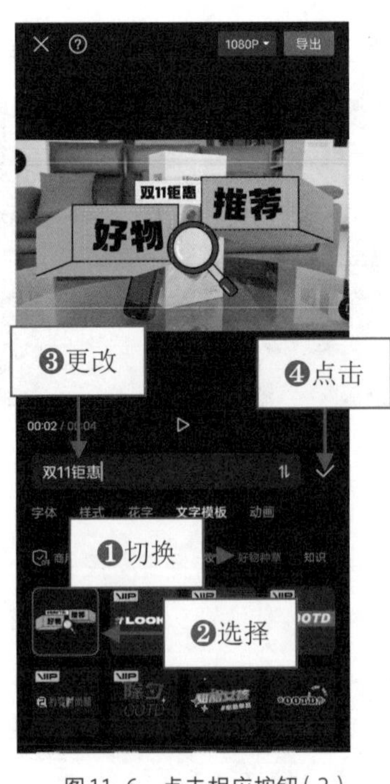

图11-6 点击相应按钮(2)

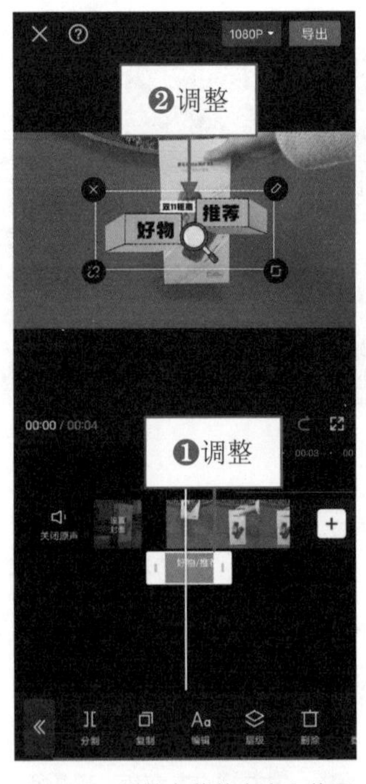

图11-7 调整字幕的大小和位置

步骤 07 在视频2s左右的位置点击"新建文本"按钮，如图11-8所示。

步骤 08 ❶输入字幕内容；❷在“基础”选项卡中选择合适的字体，如图11–9所示。

图11–8　点击“新建文本”按钮

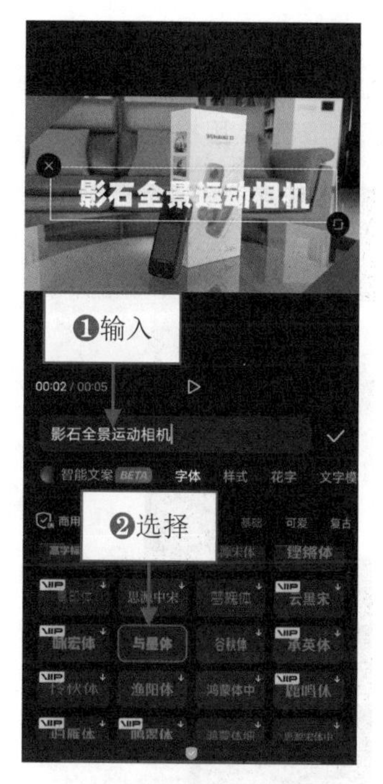

图11–9　选择合适的字体

步骤 09 ❶切换至“花字”|“黄色”选项卡；❷选择花字；❸调整字幕的大小和位置；如图11–10所示。

步骤 10 ❶切换至“动画”|“循环”选项卡；❷选择“强调三遍”动画；❸设置动画快慢参数为1.7s；❹点击✓按钮，如图11–11所示。

步骤 11 ❶调整字幕的时长；❷在第2段字幕的末尾位置点击“文字模板”按钮，如图11–12所示。

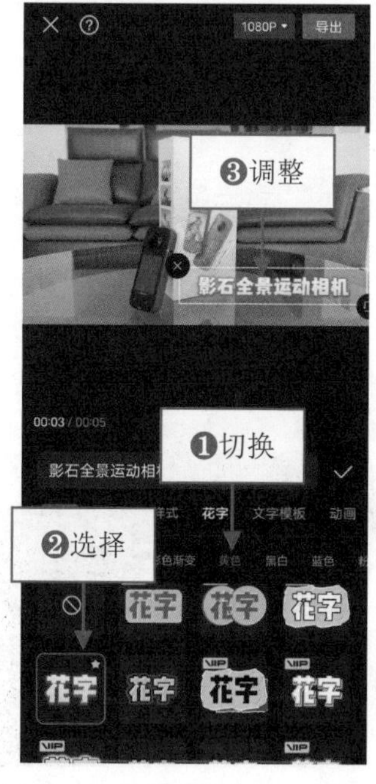

图11–10　调整字幕的大小和位置

图11–11　点击相应按钮（3）

图11–12　点击“文字模板”按钮（2）

步骤 12 ❶切换至“好物种草”选项卡；❷选择一款文字模板；❸更改部分字幕内容；❹点击☑按钮，如图11–13所示。

步骤 13 ❶调整字幕的时长，使其末尾位置对齐视频的末尾位置；❷调整字幕的大小和位置，如图11–14所示。随后使用提取音乐功能添加合适的背景音乐。

图11–13　点击相应按钮（4）

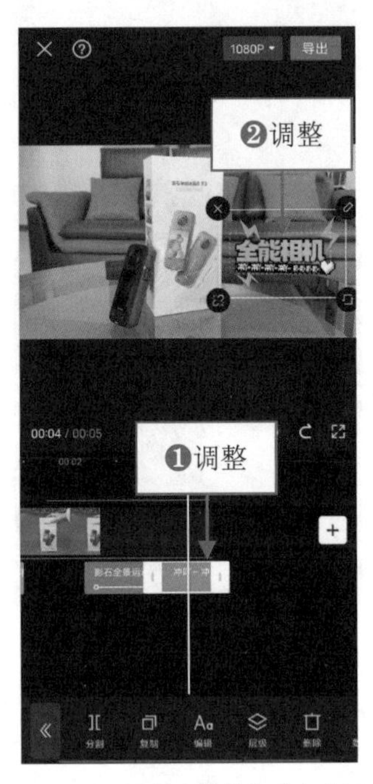

图11–14　调整字幕的大小和位置

102 制作分屏片头，制造突进感

分屏片头是指把一个视频画面分成多个来展示。在制作分屏片头画面的过程中，蒙版功能是最关键的，其次就是卡点音乐和动画效果。在展示分屏片头画面的时候，由于节奏快速卡点的原因，会有急促突进的感觉，这样可以快速吸睛。

效果展示 分屏片头适合用在旅拍视频中，先制作视频合集的片头效果，再在后面慢慢展示各个精彩画面。不过需要注意的是，排版是非常重要的，尽量选择主题相同的画面制作分屏片头，效果展示如图11–15所示。

图11–15　效果展示

本效果的操作方法如下。

步骤 01 打开剪映App，点击“开始创作”按钮，❶在“素材库”|“热门”选项卡中选择黑场素材；❷选中“高清”复选框，如图11-16所示，添加黑色背景素材。

步骤 02 ❶切换至“照片视频”|“视频”选项卡；❷依次选择3段视频；❸点击“添加”按钮，如图11-17所示。

步骤 03 ❶使用提取音乐功能添加卡点音乐；❷调整黑色背景的时长，使其对齐音频的时长；❸选择第1段视频；❹点击“切画中画”按钮，如图11-18所示。使用相同的方法，把剩下的视频都切换至画中画轨道中，并调整其轨道位置，使其末尾位置对齐背景的末尾位置。

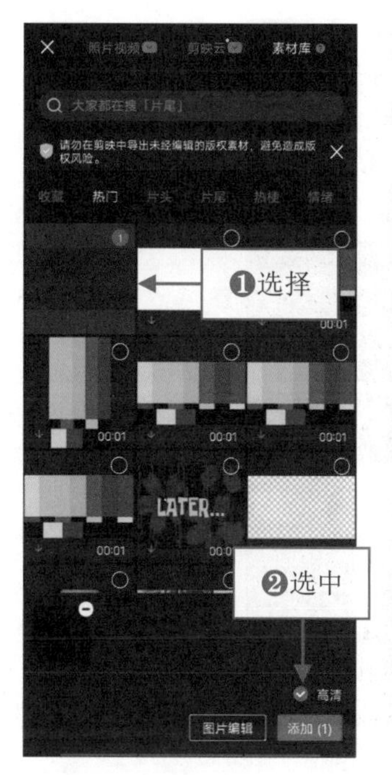

图11-16　选中“高清”复选框

图11-17　点击“添加”按钮

步骤 04 ❶选择第1段视频；❷点击“蒙版”按钮，如图11-19所示。

步骤 05 ❶选择“镜面”蒙版；❷调整蒙版的大小和位置，露出主体，如图11-20所示。

图11-18　点击“切画中画”按钮

图11-19　点击“蒙版”按钮

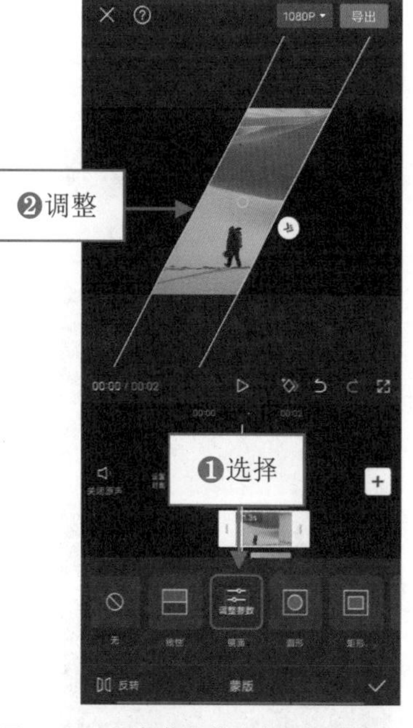

图11-20　调整蒙版的大小和位置（1）

步骤 06 调整第2段素材的位置，使其微微偏左侧，点击“蒙版”按钮，❶选择“镜面”蒙版；❷调整蒙版的大小和位置，露出主体，如图11-21所示。

步骤 07 调整第3段素材的位置，使其微微偏右侧，点击“蒙版”按钮，❶选择“镜面”蒙版；❷调整蒙版的大小和位置，露出主体，如图11-22所示。

图11-21　调整蒙版的大小和位置（2）

图11-22　调整蒙版的大小和位置（3）

步骤 08 ❶选择第1段素材；❷点击“动画”按钮，如图11-23所示。

步骤 09 ❶在“入场动画”选项卡中选择“雨刷”动画；❷点击☑按钮，如图11-24所示，同理，为第2段和第3段素材添加“钟摆”入场动画。

步骤 10 在视频起始位置依次点击“文字”和“新建文本”按钮，如图11-25所示。

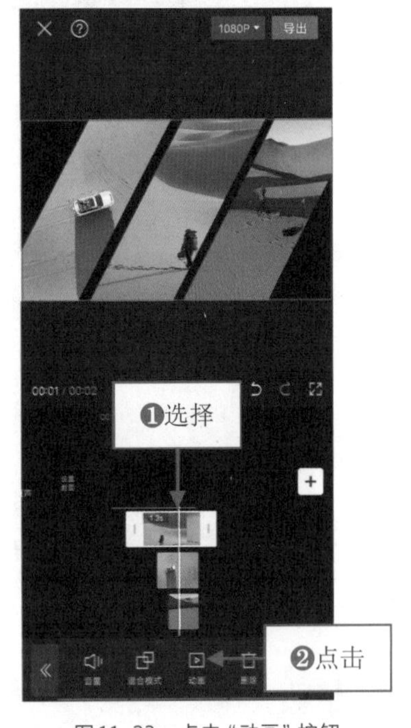

图11-23　点击“动画”按钮

图11-24　点击相应按钮（1）

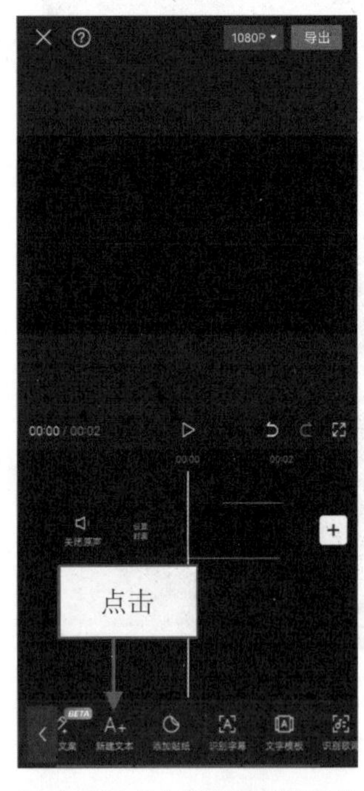

图11-25　点击“新建文本”按钮

步骤 11 ❶输入字幕内容；❷在“创意”选项卡中选择字体；❸调整字幕的大小和位置，如图11-26所示，添加开场文字。

步骤 12 ❶切换至“动画”选项卡；❷选择“故障打字机”入场动画；❸设置动画时长为0.8s；❹点击✓按钮，如图11-27所示。

步骤 13 调整字幕的时长，使其对齐视频的末尾位置，如图11-28所示。

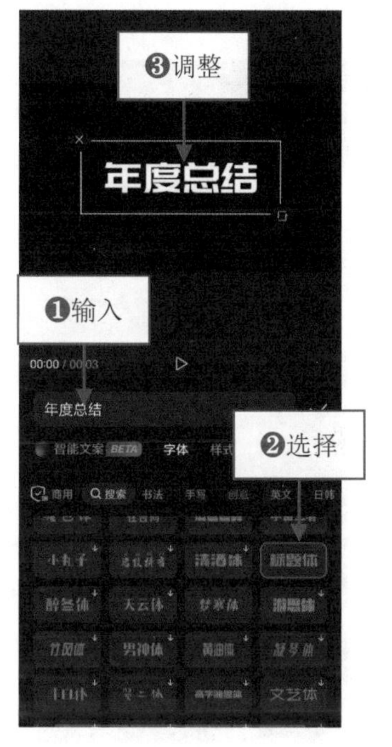

图11-26　调整字幕的大小和位置

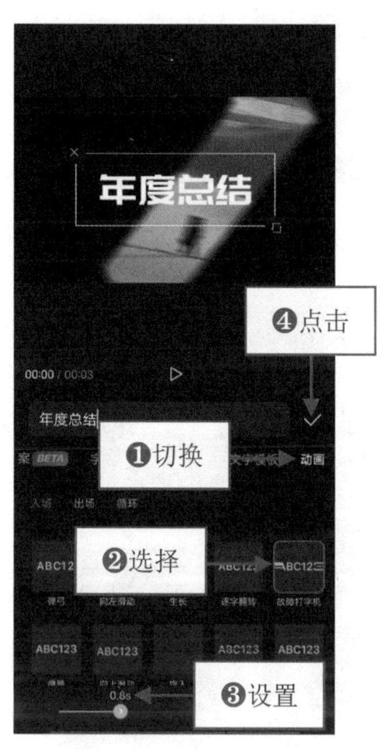

图11-27　点击相应按钮(2)

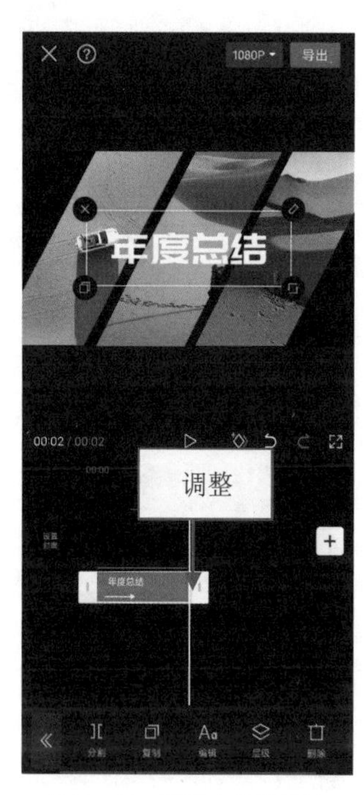

图11-28　调整字幕的时长

103　制作Vlog片头，营造清新感

Vlog一般是指个人博主拍摄的记录生活的视频，所以视频风格是偏常速化、亲民化的。在制作片头的时候，创作者可以制作具有清新文艺感的片头效果，让观众如沐春风。这种文艺风的慢节奏感片头，非常受观众欢迎。

效果展示 明信片照片是非常文艺的，明信片风格的视频也是很有清新感的，在剪映中可以制作动态的明信片风格的视频片头，效果展示如图11-29所示。

图11-29　效果展示

本效果的操作方法如下。

步骤 01 在剪映中导入视频，依次点击“背景”和“画布颜色”按钮，如图11–30所示。

步骤 02 ❶选择白色色块，设置白色背景；❷调整视频的画面大小；❸点击✓按钮，如图11–31所示。

步骤 03 ❶在视频2s的位置点击◇按钮，添加关键帧；❷点击“蒙版”按钮，如图11–32所示。

图11–30 点击“画布颜色”按钮

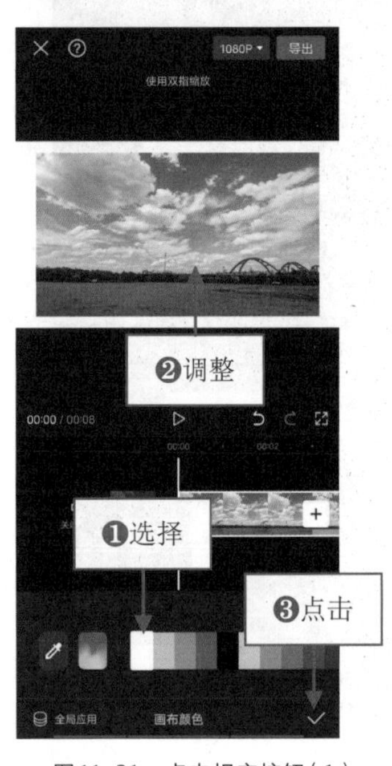

图11–31 点击相应按钮（1）

图11–32 点击“蒙版”按钮

步骤 04 ❶选择“线性”蒙版；❷调整蒙版线的位置，使其处于画面最下方，如图11–33所示。

步骤 05 ❶拖曳时间轴至视频3s的位置；❷调整蒙版线的位置，使其处于画面中间的位置；❸点击✓按钮，如图11–34所示。

图11–33 调整蒙版线的位置

图11–34 点击相应按钮（2）

步骤 06 在视频3s左右的位置依次点击“文字”和“文字模板”按钮，如图11-35所示。

步骤 07 ❶在“收藏”选项卡中选择一款模板；❷更改所有的字幕内容；❸调整字幕的大小和位置；❹点击✓按钮，如图11-36所示。也可以在“好物种草”选项卡中选择文字模板。

步骤 08 ❶调整字幕的时长，使其对齐视频的末尾位置；❷在视频4s左右的位置点击“文字模板”按钮，如图11-37所示。

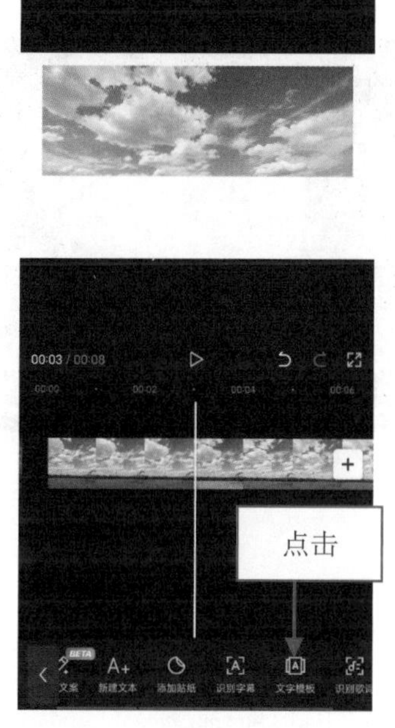

图11-35　点击“文字模板”按钮（1）

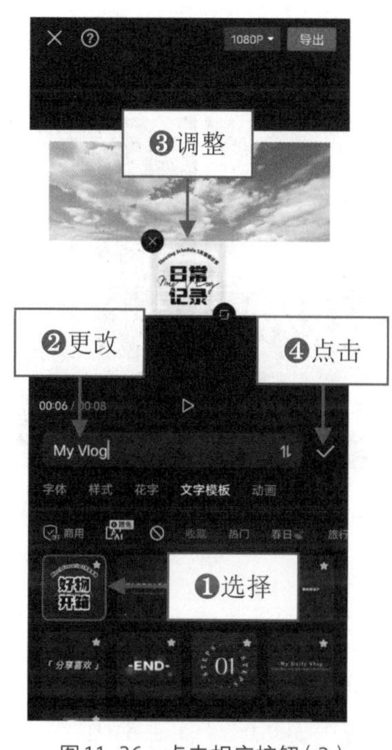

图11-36　点击相应按钮（3）

图11-37　点击“文字模板”按钮（2）

步骤 09 ❶切换至“时间地点”选项卡；❷选择文字模板；❸更改字幕内容，在“样式”选项卡中把字幕颜色设置为黑色；❹调整字幕的大小和位置；❺点击✓按钮，如图11-38所示。

步骤 10 ❶添加一段黑色的省略号，并调整其大小和位置；❷调整所有字幕的时长，使其对齐视频的末尾位置，如图11-39所示。

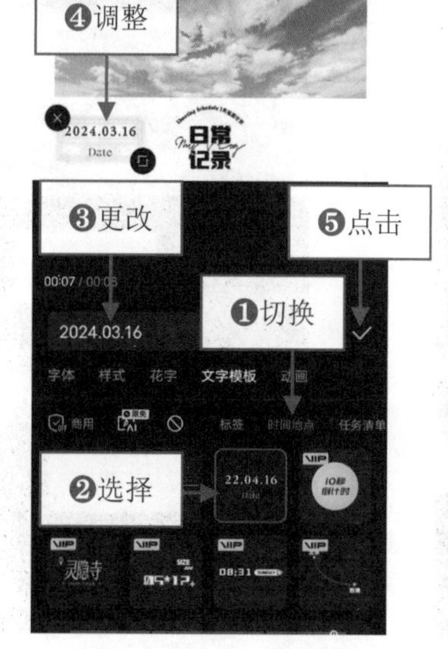

图11-38　点击相应按钮（4）

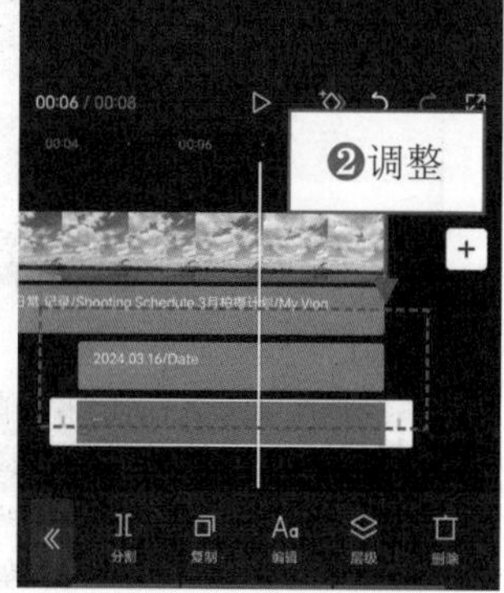

图11-39　调整所有字幕的时长

104 制作穿越片头，打造震撼感

穿越片头是指视频画面从一个画面穿越到另一个画面，实现画中画的效果，这种类型的片头可以制作无缝转场，让画面快速且自然地切换。穿越片头可以让观众沉浸在片头画面中，从而继续观看视频。

效果展示 在剪映中运用抠图功能可以做出文字穿越开场特效，让视频随着文字的放大而出现，效果展示如图11-40所示。

图11-40 效果展示

本效果的操作方法如下。

步骤 01 打开剪映App，点击“开始创作”按钮，❶在“视频”选项卡中依次选择文字绿幕视频素材和夜景视频；❷选中“高清”复选框；❸点击“添加”按钮，如图11-41所示。

步骤 02 ❶选择文字绿幕视频素材；❷点击“切画中画”按钮，如图11-42所示。

步骤 03 把素材切换至画中画轨道中，点击“抠像”按钮，如图11-43所示。

图11-41 点击“添加”按钮（1）

图11-42 点击“切画中画”按钮

图11-43 点击“抠像”按钮

步骤 04 在弹出的面板中点击“色度抠图”按钮，如图11-44所示。

步骤 05 ❶拖曳取色器圆环，在画面中取样红色；❷设置“强度”参数为100，抠除红色，以视频为文字背景；❸点击“导出”按钮，如图11-45所示，导出视频。

步骤 06 ❶在“视频”选项卡中依次选择刚才导出的文字视频素材和夕阳视频；❷选中“高清”复选框；❸点击“添加”按钮，如图11-46所示。

步骤 07 ❶选择文字视频素材；❷依次点击“切画中画”“抠像”和“色度抠图”按钮，如图11-47所示，把素材切换至画中画轨道中。

步骤 08 ❶拖曳取色器圆环，在画面中取样绿色；❷设置“强度”参数为100，抠除绿色，留下视频画面；❸点击“导出”按钮，如图11-48所示，导出视频。

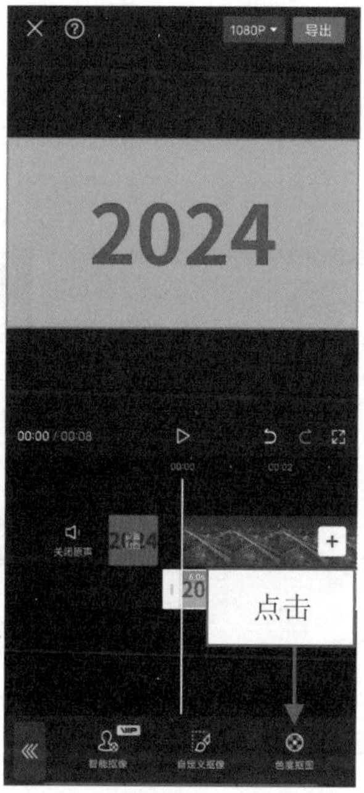

图11-44　点击“色度抠图”按钮（1）

图11-45　点击“导出”按钮（1）

图11-46　点击“添加”按钮（2）

图11-47　点击“色度抠图”按钮（2）

图11-48　点击“导出”按钮（2）

105　制作求关注片尾，制造吸睛感

对于短视频而言，个性化的片尾一定是含有个人属性的。但是在短视频平台中，大部分观众在观

看完视频后，都会快速观看下一个视频。为了提醒观众在看完视频后，关注视频发布者，可以制作求关注片尾，让片尾画面变得有吸引力，引导观众关注博主。

效果展示 在制作求关注片尾的时候，需要添加绿幕求关注素材和头像素材，这样制作出来的片尾既符合短视频的模板要求，又能突出个人的属性，效果展示如图11-49所示。

图11-49 效果展示

本效果的操作方法如下。

步骤 01 打开剪映App，点击“开始创作”按钮，❶在“照片视频”选项卡中依次选择视频素材、片尾绿幕素材和头像照片素材；❷选中“高清”复选框；❸点击“添加”按钮，如图11-50所示。

步骤 02 ❶选择片尾绿幕素材；❷依次点击“切画中画”“抠像”和“色度抠图”按钮，如图11-51所示，把素材切换至画中画轨道中。

步骤 03 ❶拖曳取色器圆环，在画面中取样绿色；❷设置“强度”参数为100、“阴影”参数为54，抠除绿色，留下头像素材画面；❸点击✓按钮，如图11-52所示。

图11-50 点击“添加”按钮

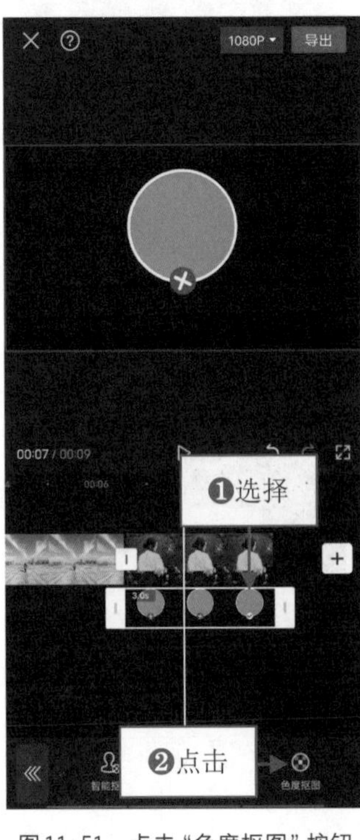

图11-51 点击“色度抠图”按钮

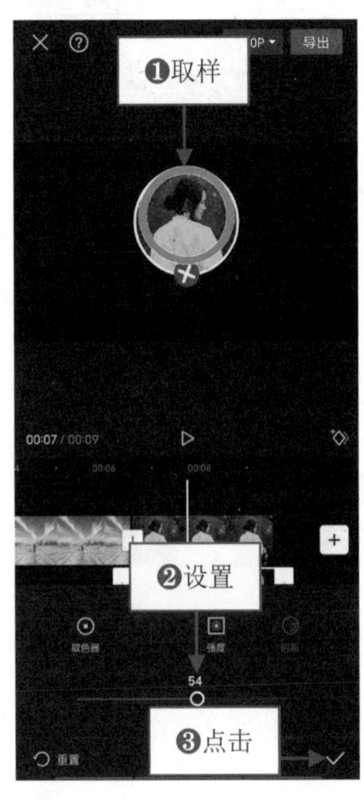

图11-52 点击相应按钮（1）

步骤 04 在头像素材的起始位置依次点击“文字”和“文字模板”按钮，如图11–53所示。

步骤 05 ❶切换至“互动引导”选项卡；❷选择一款文字模板；❸调整字幕的大小和位置；❹点击✓按钮，如图11–54所示，添加求关注文字。

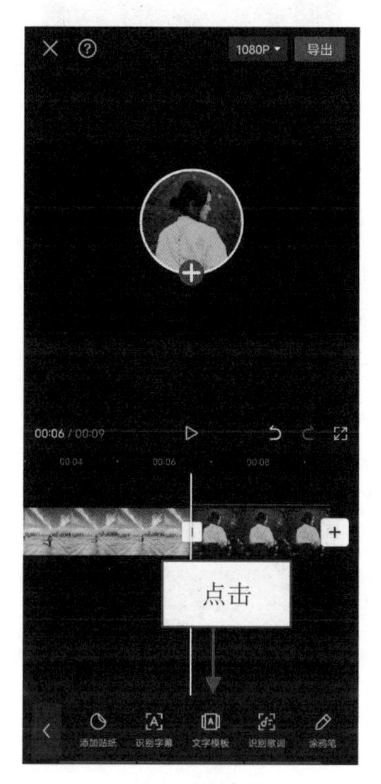

图11–53　点击“文字模板”按钮

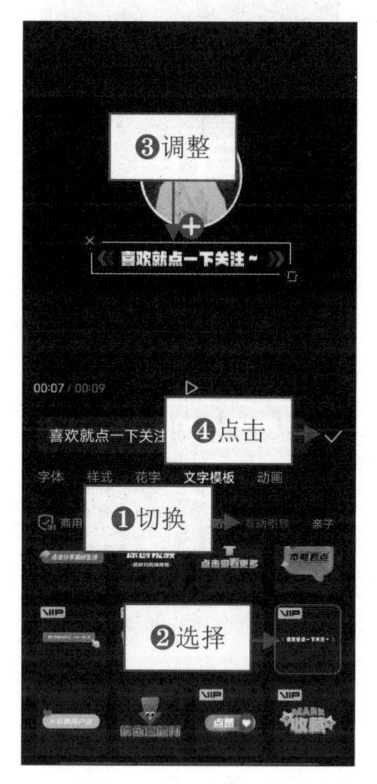

图11–54　点击相应按钮（2）

106　制作预告片尾，建立期许感

对于多段视频而言，如何提示观众还有后续内容呢？一定少不了预告片尾，这样可以提示观众并让观众期待后续的视频。

效果展示 制作预告片尾的关键在于使用蒙版和关键帧功能，让预告文字慢慢展示出来，提醒观众观看后续视频，效果展示如图11–55所示。

图11–55　效果展示

本效果的操作方法如下。

步骤 01 在剪映App中依次导入文字素材和视频素材，❶选择文字素材；❷点击“切画中画”按钮，如图11–56所示。

步骤 02 把文字素材切换至画中画轨道中，点击“混合模式”按钮，如图11–57所示。

图11–56 点击“切画中画”按钮

图11–57 点击“混合模式”按钮

步骤 03 选择“正片叠底”选项，把文字颜色变成视频画面，如图11–58所示。

步骤 04 点击☑按钮，点击“复制”按钮，如图11–59所示，复制文字素材。

步骤 05 ❶调整复制后的文字素材的轨道位置，使其处于第2条画中画轨道中；❷选择第1条画中画轨道中的文字素材，在视频3s的位置点击◈按钮，添加关键帧；❸点击“蒙版”按钮，如图11–60所示。

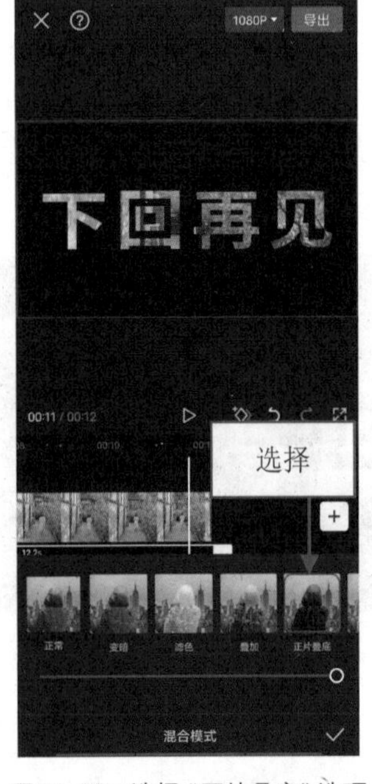

图11–58 选择“正片叠底”选项

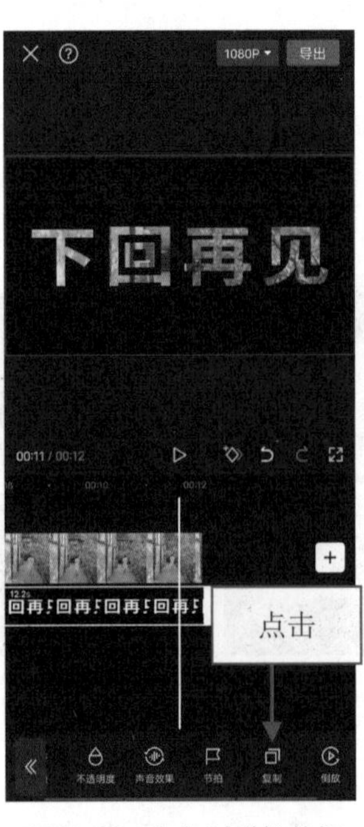

图11–59 点击“复制”按钮

图11–60 点击“蒙版”按钮

步骤 06 ❶选择“线性”蒙版；❷调整蒙版线的位置，使其处于画面最上方，如图11-61所示。

步骤 07 ❶选择第2条画中画轨道中的文字素材，在视频3s的位置点击◇按钮，添加关键帧，点击“蒙版”按钮；❷选择“线性”蒙版；❸点击“反转”按钮；❹调整蒙版线的位置，使其处于画面最下方，如图11-62所示。

步骤 08 ❶拖曳时间轴至视频8s的位置；❷调整两段文字素材中蒙版线的位置，使其处于画面中间，如图11-63所示。

图11-61　调整蒙版线的位置（1）

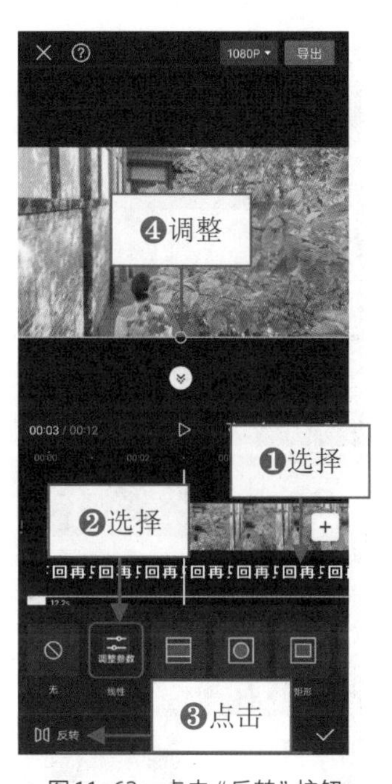

图11-62　点击“反转”按钮

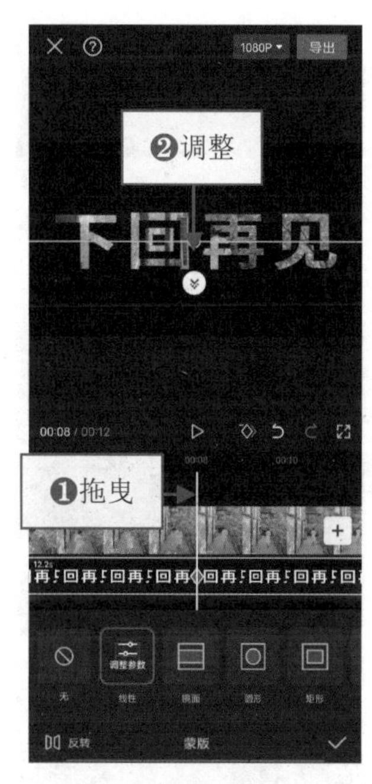

图11-63　调整蒙版线的位置（2）

107　制作谢幕片尾，打造专业感

若参与视频前期准备和后期制作的工作人员比较多，可以制作谢幕片尾，展示工作团队和人员的名字，让视频看起来更加专业。

效果展示 在制作谢幕片尾的时候，一定不要遗漏参与人员的姓名，为每个参与视频制作的人员进行署名，是一种表达认同的方式，效果展示如图11-64所示（此处名单为化名）。

图11-64　效果展示

本效果的操作方法如下。

步骤 01 在剪映中导入视频，❶选择视频；❷点击◈按钮，如图11–65所示，添加关键帧。

步骤 02 ❶拖曳时间轴至视频4s左右的位置；❷缩小视频画面，并使其处于画面左侧的位置；❸依次点击“文字”和“文字模板”按钮，如图11–66所示。

步骤 03 ❶切换至“片尾谢幕”选项卡；❷选择一款文字模板；❸更改字幕内容；❹调整字幕的大小和位置；❺点击✓按钮，如图11–67所示。

图11–65 点击相应按钮（1）

图11–66 点击“文字模板”按钮（1）

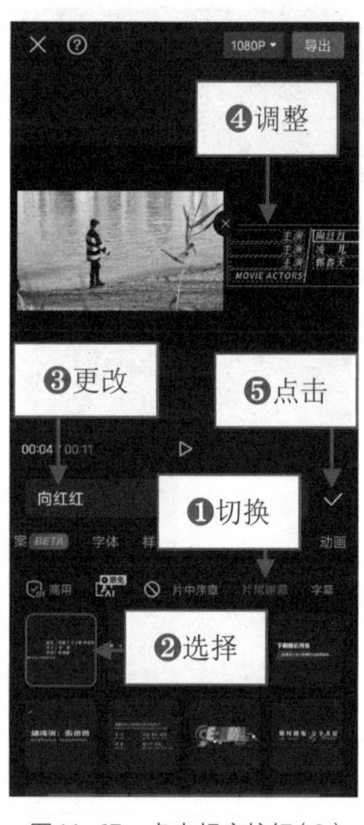

图11–67 点击相应按钮（2）

步骤 04 在字幕的末尾位置点击“文字模板”按钮，如图11–68所示。

步骤 05 ❶切换至“片尾谢幕”选项卡；❷选择一款文字模板；❸更改字幕内容；❹调整字幕的大小和位置；❺点击✓按钮，如图11–69所示。

步骤 06 调整字幕的时长，使其时长约为2s，点击“文字模板”按钮，❶切换至“片尾谢幕”选项卡；❷选择一款文字模板；❸更改字幕内容；❹调整字幕的大小和位置；

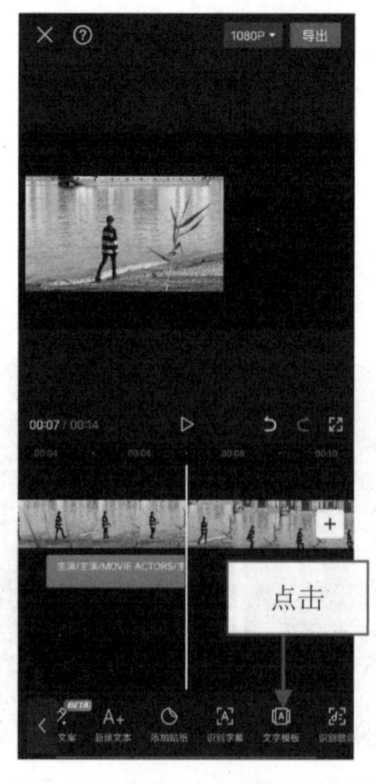

图11–68 点击“文字模板”按钮（2）

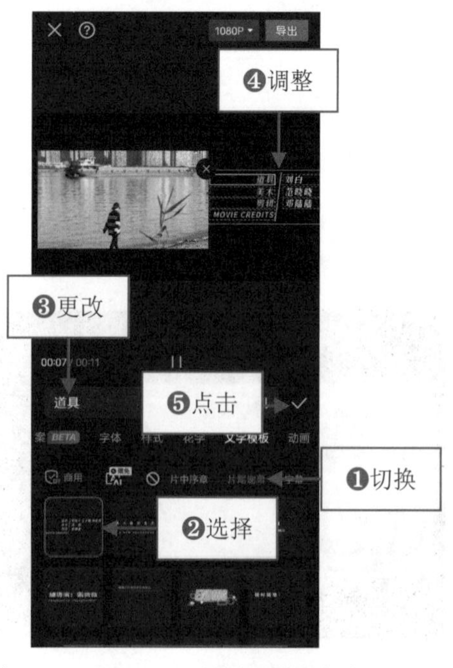

图11–69 点击相应按钮（2）

❺点击☑按钮，如图 11–70 所示，调整字幕的时长，使其末尾位置对齐视频的末尾位置。

步骤 07 在视频的末尾位置点击“文字模板”按钮，❶切换至“片尾谢幕”选项卡；❷选择一款文字模板；❸更改字幕内容；❹点击☑按钮，如图 11–71 所示。

步骤 08 在最后一段文字的中间添加一段“冒泡提示音”音效，如图 11–72 所示。

图 11–70　点击相应按钮（3）

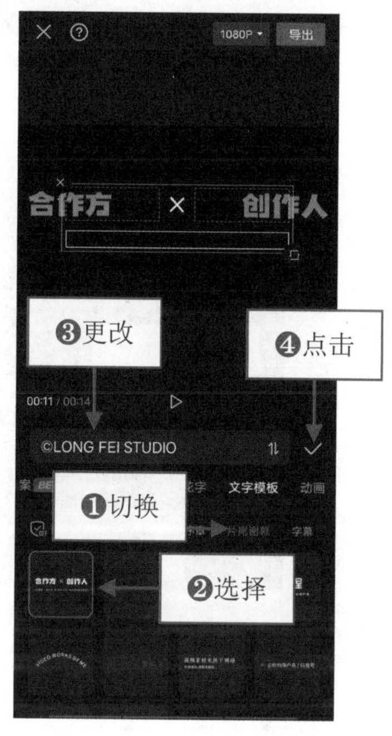

图 11–71　点击相应按钮（4）

图 11–72　添加“冒泡提示音”音效

108　制作定格片尾，展现电影感

电影《悬崖之上》使用了定格片尾的效果，让观众看完电影后还回味无穷。在制作定格片尾时，需要注意素材的类型，最好选择人文风格的视频素材，并且文案主题尽量往抒情方向靠，这样能引起观众的共情。

效果展示 使用剪映中的定格功能，能把视频中的一帧画面定格为照片素材。为了让画面具有历史感和怀旧感，可以添加相应的滤镜或特效，效果展示如图 11–73 所示。

图 11–73　效果展示

本效果的操作方法如下。

步骤 01 在剪映App中导入视频，使用提取音乐功能添加背景音乐，❶选择视频素材；❷在视频素材的末尾位置点击“定格”按钮，如图11-74所示，定格画面。

步骤 02 ❶调整定格画面的时长，使其末尾位置对齐音频素材的末尾位置；❷选择视频素材；❸点击“滤镜”按钮，如图11-75所示。

步骤 03 ❶切换至“风格化”选项卡；❷选择“病娇”滤镜，打造梦幻虚化效果；❸设置参数为100，增强滤镜效果；❹点击✓按钮，如图11-76所示。

步骤 04 ❶选择定格素材；❷在定格素材的起始位置点击◇按钮，添加关键帧，如图11-77所示。

图11-74 点击“定格”按钮

图11-75 点击“滤镜”按钮

步骤 05 ❶拖曳时间轴至视频6s的位置；❷缩小视频画面，并使其处于偏上一点的位置；❸依次点击“文字”和“新建文本”按钮，如图11-78所示。

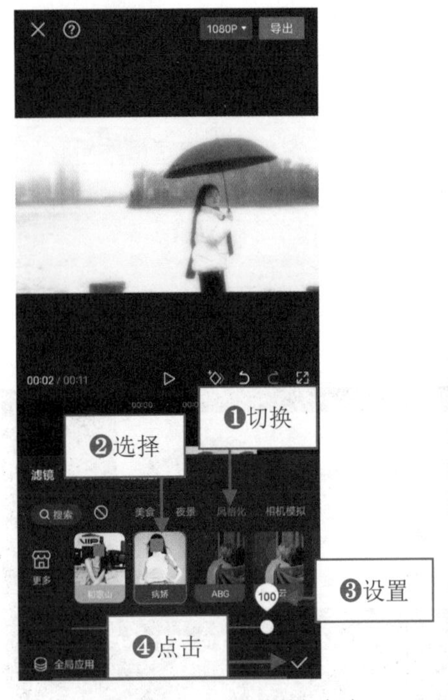

图11-76 点击相应按钮（1）

图11-77 添加关键帧

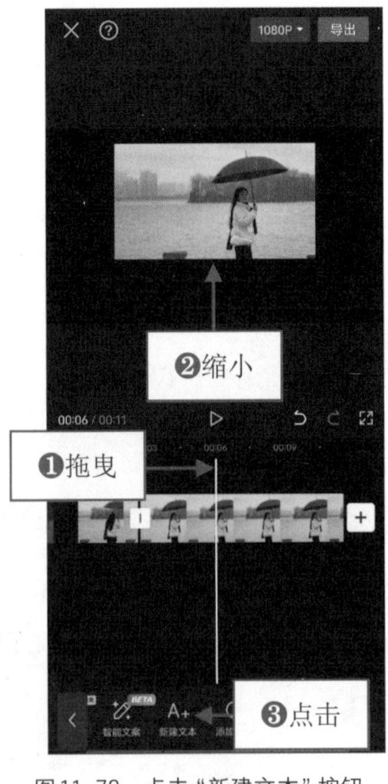

图11-78 点击“新建文本”按钮

步骤 06 ❶输入字幕内容；❷在“热门”选项卡中选择合适的字体；❸调整字幕的大小和位置，

如图 11–79 所示。

步骤 07　❶切换至“动画”选项卡；❷选择“缩小”入场动画；❸设置动画时长为 1.4s；❹点击☑按钮，如图 11–80 所示。

步骤 08　❶调整字幕的时长，使其末尾位置对齐视频的末尾位置；❷点击“复制”按钮，如图 11–81 所示。

步骤 09　复制字幕，❶选择复制后的字幕；❷点击“编辑”按钮，如图 11–82 所示。

步骤 10　❶更改为英文字幕；❷在“英文”选项卡中选择合适的字体；❸调整字幕的大小和位置；❹点击☑按钮，如图 11–83 所示。

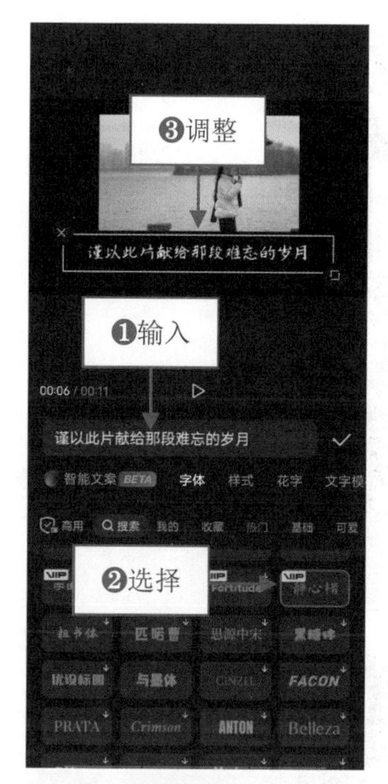

图 11–79　调整字幕的大小和位置

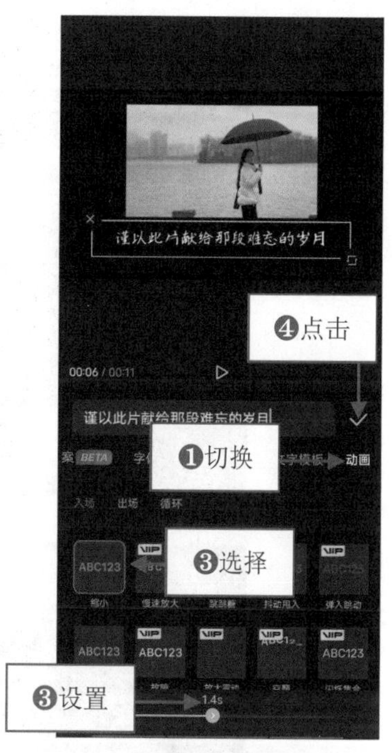

图 11–80　点击相应按钮（2）

图 11–81　点击“复制”按钮

图 11–82　点击“编辑”按钮

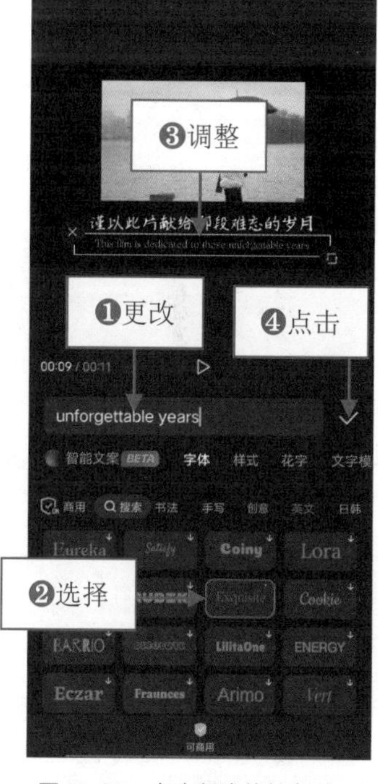

图 11–83　点击相应按钮（3）

步骤 11　为定格素材画面依次添加“老照片”纹理特效和“白色边框”复古特效，让画面更有年代感，如图 11–84 所示。

步骤 12　在两段素材之间的位置添加“拍照声 2”机械音效，制作拍照效果，如图 11–85 所示。

图11-84　添加两段特效

图11-85　添加“拍照声2”机械音效